Österreichische Akademie der Wissenschaften
MATHEMATISCH-NATURWISSENSCHAFTLICHE KLASSE
DENKSCHRIFTEN, 119. BAND

DIE VERWITTERUNG BASISCHER VULKANITE

(MINERALOGISCH-CHEMISCHE UNTERSUCHUNGEN VULKANOGENER VERWITTERUNGSPROFILE AUF TENERIFFA)

VON

BERND SCHWAIGHOFER

MIT 107 ABBILDUNGEN, 15 TABELLEN UND DIAGRAMMEN

1976

SPRINGER-VERLAG WIEN GMBH

Alle Rechte vorbehalten
Copyright © 1977 by Springer-Verlag Wien
Ursprünglich erschienen bei Springer-Verlag Wien New York 1977

ISBN 978-3-211-86457-9   ISBN 978-3-7091-5800-5 (eBook)
DOI 10.1007/978-3-7091-5800-5

ANSCHRIFT DES VERFASSERS:

UNIV. DOZ. DR. B. SCHWAIGHOFER, UNIVERSITÄT FÜR BODENKULTUR, INSTITUT FÜR BODENFORSCHUNG UND BAUGEOLOGIE, GREGOR-MENDELSTRASSE 33, 1180 WIEN.

Inhalt

	Seite
Summary, Kurzfassung	5
Einleitung	7
Problemstellung	9
Geologische Position der Kanarischen Inseln	9
Tenerife: Morphologie	11
Klimatologie	12
Geologie	13
Untersuchungsmethoden	15
Profil 1 — Erjos:	
Morphologie und Klima	17
Geologie	17
Aufbau der Verwitterungsprofile	18
Teilprofil A: Mineralogie, Petrographie	19
Chemismus	46
Interpretation	47
Teilprofil B: Mineralogie, Petrographie	52
Chemismus	71
Interpretation	72
Genese (Zusammenfassung zur Entstehung des Profils 1)	74
Profil 2 — Mña Tabaiba (Mña del Aire):	
Morphologie und Klima	77
Geologie	77
Aufbau der Verwitterungsprofile	78
Teilprofil A: Mineralogie, Petrographie	79
Chemismus	94
Interpretation	94
Teilprofil B: Mineralogie, Petrographie	97
Chemismus	114
Interpretation	115
Vergleichsprofil B1: Mineralogie, Petrographie	119
Chemismus	130
Interpretation	131
Genese (Zusammenfassung zur Entstehung des Profils 2)	133
Zusammenfassung	137
Literatur	138

SUMMARY

In two weathering profiles on pyroclastic material several phases of volcanic activity were found. By means of different methods of investigation (microscopy, SEM and microprobe, X-ray, chemical analyses, determination of absolute ages) distinct eruption cycles could be based on various primary minerals and the secondary minerals formed by weathering processes were defined. Halloysite (in 10 Å- and 7 Å-modification) is the predominant clay mineral of all sequences. The paragenesis gibbsite, anatase, ilmenite is characteristic for the horizons of most intense weathering.

Absolute age hitherto determined (K-Ar-method on potash-felspars) yield values for the maximal age of the parent material in both profiles only. Hence it is not possible that they are older than oldest pleistocene.

KURZFASSUNG

In zwei über pyroklastischen Serien entstandenen Verwitterungsprofilen konnten mehrere Phasen der vulkanischen Tätigkeit festgestellt werden. Aufgrund verschiedenster Untersuchungsmethoden (Lichtmikroskopie, Rasterelektronenmikroskopie mit Mikrosonde, Röntgendiffraktometrie, chemische Analysen, absolute Altersbestimmungen) wurde einerseits anhand unterschiedlicher Primärminerale eine Reihe von Eruptionszyklen aufgestellt, andererseits die bei der Verwitterung entstandenen Um- und Neubildungen bestimmt. Dabei wurde als stets vorherrschendes Tonmineral Halloysit (in 10 Å- und in 7 Å-Modifikation) gefunden und in den Horizonten der stärkstausgebildeten Verwitterung die Mineralparagenese Gibbsit, Anatas, Ilmenit.

Nach den bisher vorliegenden Daten der absoluten Altersbestimmungen (K-Ar-Methode an Kalifeldspäten) können für beide Profile lediglich Maximalalter angegeben werden; demnach können die Ausgangsgesteine nicht älter als Ältestpleistozän sein.

EINLEITUNG

Gesteinsverwitterung und Bodenbildung sind zwei Vorgänge, die so weitreichend in viele Bereiche des Lebens und der Umwelt eingreifen, daß es uns erstaunen muß, daß heute, mehr als hundert Jahre nachdem F. A. FALLOU die Pedologie mit seinen Lehrbüchern als selbständige Wissenschaft installiert hat, noch immer zahlreiche Probleme offen sind. In dem bereits 1862 erschienenen Lehrbuch „Pedologie oder allgemeine und angewandte Bodenkunde" finden wir den Satz: „Es gibt in der ganzen Natur keinen wichtigeren, keinen der Beachtung würdigeren Gegenstand als den Boden".

Daß trotz dieser nun schon sehr langen Beschäftigung mit den Fragen der Gesteinsverwitterung und Bodenbildung noch immer viele Probleme ungelöst sind, hat seine Ursache in den überaus mannigfaltigen Faktoren, die die Zerstörung der Gesteine und damit den Aufbau des Bodens wesentlich beeinflussen. Dazu kommt noch, daß in den Böden — mehr als in anderen geologischen Bereichen — vor allem dynamische Vorgänge die Entstehung und Weiterentwicklung richtungsweisend bestimmen.

Die Böden sind demnach rasch veränderliche komplexe Einheiten, und jede Betrachtung kann sich nur auf den momentanen Zustand beziehen.

In dieser Hinsicht müssen auch die hier vorgelegten Untersuchungen und Ergebnisse aufgefaßt werden. Bewußt wurden dazu die relativ einfach zusammengesetzten vulkanischen Gesteine gewählt, da hier der Mineralbestand noch leicht überschaubar ist und damit auch die verwitterungsbedingten Neubildungen mit einer gewissen Sicherheit einem bestimmten Ausgangsmaterial zugeordnet werden können. Warum gerade die Vulkanite der Kanarischen Inseln untersucht wurden, soll in einem späteren Kapitel noch näher erläutert werden (siehe S. 10).

Wesentliche Anregungen zur Bearbeitung von Verwitterungsprofilen auf Tenerife ergaben sich aus der Zusammenarbeit zwischen dem Bodenkundlichen Institut der Universität La Laguna (E. FERNANDEZ CALDAS) und dem Institut für Bodenforschung und Baugeologie (H. FRANZ *, E. H. WEISS) der Universität für Bodenkultur in Wien.

So wie die Böden keine statischen Gebilde sind und sich ständig durch die Umwelteinflüsse verändern, dürfen auch die entsprechenden Untersuchungen nicht als abgeschlossen angesehen werden. Sowohl durch neue Arbeitsmethoden als auch durch andere Gesichtspunkte werden sich immer wieder Ansatzpunkte dafür ergeben, die Objekte unserer Forschung neu zu bearbeiten.

---

* Herrn Prof. Dipl.-Ing. Dr. H. FRANZ möchte ich auch an dieser Stelle für zahlreiche Hinweise und Diskussionen während unserer gemeinsamen Begehungen auf Teneriffa danken. Vom ihm wurde ich auf das Profil von Erjos, von E. FERNANDEZ CALDAS auf das der Mña del Aire aufmerksam gemacht.

Problemstellung

Ziel der vorliegenden Untersuchungen ist es, die Verwitterung vulkanischer Gesteine möglichst quantitativ zu erfassen und gleichzeitig die Umwandlungen und Neubildungen während der Verwitterung mit dem Alter der Gesteine in Beziehung zu bringen.

Aus mehreren Gründen boten sich die Vulkanite der Kanarischen Inseln als besonders geeignetes Studienobjekt für derartige Untersuchungen an.

Der Vulkanismus der Kanaren reicht zumindest vom Alttertiär (Y. C. CARRACEDO u. F. G. TALAVERA, 1971) bis zu rezenten Ergüssen und Eruptionen (letzter Ausbruch auf der Insel La Palma 1971). Es ist daher möglich, für Verwitterungsstudien Gesteine heranzuziehen, für die sich altersmäßig ein breites Spektrum ergibt und die sich außerdem infolge neuer Analysenergebnisse zeitlich genau einstufen lassen.

Auf der Insel Tenerife findet sich auch hinsichtlich der klimatischen Verhältnisse ein weites Variationsfeld, einmal durch die grundsätzliche Trennung in eine feuchte Nord- und eine trockene Südseite und dann natürlich durch die scharfe Höhenstufengliederung auf der dem NE-Passat zugekehrten Nordseite.

Da nun bedingt durch zentrale Eruptionen auf Tenerife zahlreiche Lavaströme von den höchsten Regionen bis zur Küste durchziehen, ergibt sich die Möglichkeit, gleiche Gesteine unter verschiedenen klimatischen Verhältnissen zu untersuchen. Außerdem können natürlich auch infolge der zonaren Anordnung der Klimastufen die Bildungen auf verschiedenen Muttergesteinen im gleichen Klima studiert werden.

Für die vorliegenden Untersuchungen wurden zwei Verwitterungsprofile ausgewählt, deren Positionen nur geringe Unterschiede in bezug auf das Klima aufweisen. Damit konnte dieser Faktor bei den Neu- bzw. Umbildungen konstant gehalten werden. Hinsichtlich des Muttergesteins sind die Verhältnisse wesentlich komplizierter. Es handelt sich zwar bei beiden Profilen um pyroklastische Ausgangsmaterialien, aber erst im Zuge der Untersuchungen stellte sich heraus, daß hier mehrere Eruptionsphasen übereinander liegen.

Im Aufschlußbereich machten die Profile durchaus den Eindruck einer ± ungestörten Verwitterungssequenz, bei den horizontweisen mineralogischen Analysen fanden sich jedoch signifikante Unterschiede; erst durch die verschiedenen Mineralparagenesen konnten die einzelnen Eruptionszyklen festgestellt werden.

Ein wesentliches Kriterium für die Probennahme in den entsprechenden Aufschlüssen war, daß in beiden Profilen Horizonte auftraten, die eine auffallend helle, gelblich-weiße Färbung zeigten und in denen schon makroskopisch eine intensive Anreicherung von Sanidinkristallen beobachtet werden konnte. Darauf gründete sich die Hoffnung, daß diese Horizonte mittels K-Ar-Analyse der Feldspäte altersmäßig genau eingestuft werden konnten und daß demnach das frühestmögliche Einsetzen der Verwitterung in den Schichten über den Sanidin-Horizonten angegeben werden kann.

Geologische Position der Kanarischen Inseln

Der Kanarische Archipel umfaßt die sieben Hauptinseln Tenerife, Gran Canaria, La Palma, Gomera, Hierro, Lanzarote und Fuerteventura sowie eine Reihe kleinerer Inseln. Geographisch liegt er zwischen dem 27. und 29. nördlichen Breitegrad bzw. dem 13. und 18. westlichen Längengrad. Die Ostinseln Lanzarote und Fuerteventura sind nur 115 km von der NW-Küste Afrikas entfernt.

Aufgrund dieser Nähe zum afrikanischen Kontinent ergaben sich schon frühzeitig mehrere Hypothesen bezüglich der Entstehung dieser vulkanischen Inselgruppe. Einerseits wurde angenommen, die Inseln wären Bruchstücke des Kontinentrandes, die entweder durch das Einbrechen von Landbrücken oder durch Kontinentalverschiebung von diesem getrennt wurden, andererseits wurden sie als rein ozeanische Inseln angesehen, die sich durch vulkanische Ergüsse allmählich über den Meeresspiegel erhoben haben (A. EVERS et al. 1970).

Durch die Untersuchungen der letzten Jahre tritt nun eine dritte Möglichkeit immer stärker in den Vordergrund, nach der sich eine Zweiteilung des Archipels ergibt, und zwar wird für die Ostinseln Lanzarote und Fuerteventura eine enge Beziehung zum afrikanischen Kontinent angenommen, während die übrigen Inseln eine eigengesetzliche Entstehung haben dürften.

Vor allem die Untersuchungen des deutschen Forschungsschiffes „Meteor" (1969) sowie die Arbeiten von P. ROTHE (1964, 1966, 1968) haben wesentlich zur genaueren Kenntnis der Entstehung des vulkanischen Archipels beigetragen.

Ziel der seismischen und magnetischen Messungen, die auf der „Meteor" 1967 durchgeführt wurden, war es, festzustellen, wie die Krustenteile beschaffen sind, auf denen die Kanarischen Inseln sitzen. Dazu wurden zwei seismische Profile geschossen, eines 70 Seemeilen östlich von Gran Canaria und eines 10 Seemeilen südlich von Gomera. Beim Profil E von Gran Canaria ergab sich eine ungewöhnlich mächtige Sedimentüberlagerung (8500 m), wodurch eindeutig der Hinweis auf nichtozeanischen Krustenaufbau gegeben ist. Beim Profil S von Gomera findet sich unter ca. 4000 m mächtigen Sedimentschichten und unter einer ca. 3000 m mächtigen Übergangsschicht Kristallin in Form von basischem Gesteinsmaterial, von dem angenommen werden kann, daß es sich um eine Übergangszone vom Kontinent zum Ozean handelt.

Bei den magnetischen Messungen wurde ein magnetischer Horizont der ozeanischen Kruste gefunden, der von W nach E mit 2–3 % abfällt. Aus der magnetischen Ruhe des Raumes östlich der Kanarischen Inseln ergibt sich, daß hier offenbar das basische Material in den Bereich der tieferen Erdkruste versenkt ist.

Damit läßt sich sowohl nach den seismischen als auch nach den magnetischen Messungen schließen, daß im Raum der Kanaren der afrikanische Kontinent nicht plötzlich in den Ozean abbricht, sondern eine Übergangszone vorliegt und daß außerdem – offenbar entsprechend der „seafloor-spreading"-Theorie – die ozeanische Kruste in diesem Bereich in größere Tiefen abgesenkt wird.

Bezüglich der petrographischen und altersmäßigen Gliederung finden sich Hinweise in den Arbeiten von P. ROTHE (1966 u. 1968), H. U. SCHMINCKE (1967) und A. EVERS et al. (1970). P. ROTHE fand auf Fuerteventura prävulkanische Sedimentserien, denen nach ihrem Fossilinhalt Oberkreide-Alter zukommt und die sich mit Profilen aus dem gegenüberliegenden afrikanischen Festland vergleichen lassen. Demnach gehören also die Ostinseln Lanzarote und Fuerteventura zum afrikanischen Kontinent oder zumindest zum Kontinentalschelf, sind jedenfalls keine ozeanischen Inseln. Für Lanzarote ergibt sich außerdem durch den Fund fossiler Straußeneier eine Verbindung mit dem Festland im Jungtertiär (P. ROTHE, 1964). Die Basalte über dieser Schicht ergaben bei absoluten Altersbestimmungen ca. 12 Mio. Jahre (A. ABDEL-MONEM et al., 1967).

Den Ostinseln stehen nun die Zentral- und Westinseln mit einer sicher anders gearteten Genese gegenüber. Nach den Untersuchungen von H. U. SCHMINCKE (1967) ist zumindest Gran Canaria als eine ozeanische Vulkaninsel anzusehen, für Tenerife und Hierro wird dasselbe vermutet. Erste absolute Altersbestimmungen (A. ABDEL-MONEM et al., 1967) ergaben für Gran Canaria ein Alter von 16 Mio. Jahren.

P. ROTHE (1966) gibt zwei Möglichkeiten zur Genese des Archipels an:

a) Es handelt sich um eine symmetrisch gebaute Inselgruppe mit einer Zentralzone und zwei ähnlich gebauten Randzonen, die ihre Entstehung einer doppelten Aufwölbung der Kruste verdanken (schon K. KREJCI-GRAF, 1964 spricht von einem vermutlich im Senon bis Eozän zusammengeschobenen Meeresgrund); in dem dazwischen liegenden Trog kam es zu submarinen Effusionen, während in den Gebieten der Aufwölbung die Gesteine bereits intensiv von der Verwitterung angegriffen wurden. Bedingt durch die Förderung saurer Gesteine (Trachyte, Phonolithe) kam es dann auch zu Hebungen in der Zentralzone, die sich dadurch schließlich höher heraushob als die Randgebiete.

b) Bei Annahme einer Schollen-Tektonik können die Zentralinseln als Tiefschollen und die Randgebiete als Hochschollen angesehen werden. Auffallenderweise zeigen immer die Luvseiten der Inseln Steilabfälle, während die Leeseiten mit Sandstränden flach abdachen; außerdem sind immer auf den Luvseiten die ältesten Gesteinsserien aufgeschlossen. Es wäre demnach denkbar, daß die Inseln an NNE – SSW verlaufenden Störungslinien antithetisch zum Kontinent hin abgekippt sind, wobei Teile bereits unter den Meeresspiegel abgesunken sind.

Tenerife

Morphologie

Tenerife ist mit 2057 km² die größte Insel des Kanarischen Archipels. Sie hat ungefähr die Form eines gleichschenkeligen Dreiecks und besitzt mit dem 3718 m hohen Pico del Teide den höchsten Berg Spaniens überhaupt. Dieser Zentralvulkan, der sich noch 1500 m über den mächtigen Krater der Caldera de Cañadas erhebt, ist das landschaftsbeherrschende Element für die gesamte Insel. Fast ebenso markant wie der zentrale Kegel sind die zahlreichen Parasitärkrater, die sich beinahe über die ganze Insel verbreitet finden, im Süden aber besonders gehäuft auftreten.

Diese Parasitärkrater fehlen sowohl ganz im Westen (Tenogebirge) als auch im äußersten Osten (Anagagebirge). Schon frühzeitig wurden diese beiden Gebirge als die alten Eckpfeiler der Insel angesprochen, in denen die Verwitterung nicht nur zu einer intensiven Zersetzung der Gesteine geführt hat, sondern auch besonders ausgeprägte Erosionslandschaften entstehen ließ. Die für diese Gebirge charakteristischen scharfen Erosionsformen entstanden zum Teil auch dadurch, daß durch ein rasches Zurückweichen der Kliffküste die Täler immer stärker linear zerschnitten und übertieft wurden.

Vom Zentralvulkan Pico del Teide zieht ein stellenweise steil nach N und S abfallender Grat nach NE, wobei er sich von 2200 m auf 1000 m absenkt und sich schließlich in der weiten Senke von La Laguna auf 550 m Sh verliert. Wie der Name sagt, soll hier einmal ein stehendes Gewässer bestanden haben, und zwar ein Tümpel mit einer Wasserfläche von 0,5 km², der erst im 18. Jahrhundert verschwand.

Neben dem Vulkanismus, sind es, abgesehen von den klimatischen Einflüssen, hauptsächlich noch zwei andere Faktoren, die die Landschaft der Insel prägen, nämlich die Erosion des fließenden Wassers und die Abrasionstätigkeit des Meeres (J. MATZNETTER, 1958). Bedingt durch eine zumindest zeitweise starke Wasserführung entstanden die charakteristischen tief eingeschnittenen, zum Teil schluchtartigen Täler, die sogenannten Barrancos. Vor allem auf den älteren Inselteilen treten neben den Barrancos außerordentlich breite, reife Talformen auf, die auf den Inseln als

Valles bezeichnet werden. Eine Sonderstellung nehmen weiters noch die besonders breiten Hohlformen der Täler von Orotova und Guimar ein, von denen T. BRAVO (1952, 1962) annimmt, daß sie durch tektonische Einbrüche und anschließende Rutschungen ihre heutige Form erhielten.

Auffallend ist der Gegensatz in der Ausbildung der N- und S-Küsten, der übrigens für fast alle Inseln des Archipels gilt: steile Kliffs im Norden, flache Sandstrände im Süden. J. MATZNETTER (1958) gibt für Tenerife Strandterrassen in den Höhen 90 m, 250 m und 400 m an. Bei der untersten kommt H. KLUG (1968), der sie allerdings mit 100 m Höhe angibt, zur Ansicht, daß es sich um eine pliozäne Brandungsmarke handelt. Bei H. KLUG finden sich auch Angaben über weitere, jüngere Strandlinien, die in folgenden Niveaus gefunden wurden: 60 m (Plio-Altpleistozän), ca. 15 m (Eutyrrhen), 7–8 Meter (Neotyrrhen), 4–5 m und 1–2 m (Holozän).

Klimatologie

Auf Grund des Reliefs und des fast ständig wehenden Passats aus NE kommt es zu einer scharfen klimatischen Teilung der Insel in eine nördliche Passat-Luv- und eine südliche Passat-Lee-Seite. Der Passat umfließt die Kanaren, übersteigt sie aber nicht; er bringt keinen Regen, sondern nur Feuchtigkeit. Seine Obergrenze liegt bei 1500 bis 2500 m und darüber befindet sich eine aequatoriale Gegenströmung.

Ein weiterer klimabestimmender Faktor ist neben dem Passat der die Insel Tenerife umspülende kühle Kanarenstrom, dessen Trift S bis SW gerichtet ist.

Auf der Nordseite von Tenerife findet sich eine ausgeprägte Höhenstufengliederung, die vor allem durch verschiedene Vegetationszonen gekennzeichnet ist; allerdings sind diese natürlichen Vegetationszonen heute bereits stark regressiv (W. KUBIENA, 1956, J. MATZNETTER, 1958):

die unterste Stufe ist eine trockenheiße Küstenzone, die bis 550 m Höhe reicht (mit Sukkulenten);

darüber folgt eine verhältnismäßig feuchte Zone bis 1200–1500 m (mit immergrünem Laub, Lorbeerwald);

als nächstes eine ziemlich trockene Kiefernwaldzone bis 2000 m und schließlich die trockene Zwergstrauchzone, die bereits in die aequatoriale Gegenströmung hineinreicht.

Da die Südseite der Insel nicht unter dem Passateinfluß steht, reicht hier die unterste Stufe bis zu einer Höhe von 800 m, wo sie dann direkt mit der Kiefernwaldzone zusammentrifft.

Charakteristisch für die Nordseite mit ihrer klimatischen Stufengliederung ist die täglich einsetzende Wolkenbildung, die üblicherweise zwischen 800 und 1500 m Höhe liegt. Manchmal ist sie auch ausgedehnter und reicht dann von 600 bis 1600 m. Die Wolke entsteht jeweils am frühen Vormittag und löst sich nachmittags wieder auf. Sie kommt dadurch zustande, daß sich der NE-Passat am Kanarenstrom abkühlt und Feuchtigkeit aufnimmt, an den Nordhängen der Insel aufsteigt und kühlere Luftschichten erreicht, so daß seine hohe Feuchtigkeit als Wolke in Erscheinung tritt.

In den Werten für den durchschnittlichen Jahresniederschlag[1] kommt die Höhenstufengliederung gut zum Ausdruck:

---

[1] Die Niederschlags- und Temperaturwerte wurden mir freundlicherweise von Herrn Prof. T. BRAVO, Puerto de la Cruz, Tenerife, zur Verfügung gestellt.

Sta. Cruz (an der Ostküste) 243,8 mm
Puerto de la Cruz (an der Nordküste) 392,0 mm
La Orotava (321 m, Luvseite) 406,0 mm
La Laguna (547 m) 568,4 mm
Observatorio Izaña (2367 m) 368,7 m
Die Jahresdurchschnittstemperaturen zeigen dagegen für die unteren und mittleren Lagen etwa ausgeglichene Verhältnisse, nur die Höhenlagen fallen eindeutig heraus:

Sta. Cruz   20,8° C
La Laguna   16,2° C
Izaña   9,3° C

Geologie

Daß man heute einigermaßen genau über den geologischen Aufbau von Tenerife Bescheid weiß, verdankt man vor allem der großen Anzahl von Wasserstollen, die über die ganze Insel verbreitet angelegt wurden und hauptsächlich zur Wasserversorgung der Bananenplantagen dienen. Bereits vor mehreren Jahren gab es über 800 solche „Galerias del aqua", die mit einer Gesamtlänge von mehr als 100 km einen ausgezeichneten Einblick in den geologischen Bau der Insel bieten.

Bei chronologischer Darstellung ergibt sich folgende vulkanisch-tektonische Abfolge[1].

Als basale Schichten der Insel werden heute praetertiäre Grüngesteine, Diabase und Nephelinsyenite angenommen. Diese ältesten Gesteine hat man allerdings nirgends anstehend getroffen, sondern nur aus einigen Geröllfunden auf ihre Existenz geschlossen.

Darüber lagert ein Block von basaltischen Ergüssen, der von zahlreichen, zum Teil auch sauren Gängen und Stöcken durchschlagen wird. Diese vermutlich tertiären Basaltergüsse bauen die alten Eckpfeiler der Insel auf, nämlich das Anagagebirge im E und das Tenogebirge im W. In letzter Zeit (J. C. CARRACEDO u. F. G. TALAVERA, 1971) wurde versucht, das Alter dieser „Serie antigua" im Anagagebirge mit palaeomagnetischen Messungen zu ermitteln. Leider ergaben sich dabei keine exakten Angaben und es blieben zwei Möglichkeiten offen:

a) wenn man eine Altersbestimmung aus einem phonolithischen Erguß wegläßt, ergeben alle anderen Proben übereinstimmend ein zumindest miozänes Alter;

b) wenn man auch die Phonolithprobe in Beziehung setzt, kommt man in größere Schwierigkeiten, weil dann mit einer Trift der Kanaren gegenüber dem eurasischen Kontinent zusammen mit dem afrikanischen Festland gerechnet werden muß; daraus ergibt sich dann die Möglichkeit, daß die untersten Lavaergüsse dieser alten Serie ein praetertiäres Alter haben.

Bezüglich der Verwitterung lassen sich in dieser alten Serie doch einige Unterschiede feststellen. Immer wieder finden sich unmittelbar neben festem, hartem Basalt mürbe, bröckelig zerfallende Partien. Offenbar hat bereits zwischen den einzelnen Basalteruptionen dieser einheitlichen Serie eine ± intensive Verwitterung eingesetzt, die möglicherweise gemeinsam mit Zersetzungserscheinungen durch vulkanische Dämpfe der heutigen Verwitterung vorgearbeitet hat. Die zuletzt ausgebrochenen Ergüsse haben sich daher wesentlich frischer erhalten.

Unterschiede in bezug auf die Verwitterung findet man auch zwischen den basaltischen Laven und den häufig eingeschalteten pyroklastischen Sedimenten; stets

---
[1] Im wesentlichen nach T. BRAVO (1962).

sind die Pyroklastika wesentlich stärker durch die Verwitterung angegriffen als die dazugehörenden Ergüsse.

Zeitlich folgte dann auf die basaltischen Ergüsse eine Reihe von Explosionen, die vor allem den Zentralkörper der Insel zertrümmerten. Dabei entstanden klastische Sedimente, die von den spanischen Geologen als „Fanglomerado" bezeichnet werden, womit offenbar die besonders schlechte Klassierung dieser Trümmergesteine zum Ausdruck gebracht werden soll. Sie bilden einen mehr oder weniger symmetrischen Kranz um die Caldera de Cañadas, reichen aber im N bis in das Grabenbruch-Tal von Orotava und im S bzw. SW bis Guimar.

Über die Trümmergesteine kamen wieder drei Serien vulkanischer Gesteine zu liegen, und zwar in zeitlicher Reihenfolge Phonolithe, Basalte und wieder Phonolithe.

In einer darauf folgenden langen Periode vulkanischer Inaktivität entstand im Zentralteil der Insel eine riesige Erosionscaldera – die Cañadas. Dann füllten neue Basaltserien die Caldera bis zu großer Höhe wieder auf.

An den Hängen kamen instabile Massen in Bewegung und glitten über die alten Trümmergesteine, die offenbar infolge Durchnässung eine bevorzugte Gleitbahn bildeten, ab. T. BRAVO (1952, 1962) nimmt an, daß auf diese Art die breiten Täler von Orotava und Guimar entstanden wären. Tatsächlich ist vor allem in der Lorbeerwald-Zone im Tal von Orotava eindeutig die charakteristische unruhige Rutschmorphologie zu beobachten, sodaß sich auch daraus Hinweise für alte Gleitungen ergeben.

T. BRAVO war es auch, der in einigen Wasserleitungsstollen fossile Hölzer aus dem Fanglomerado bergen konnte und sie mir freundlicherweise für Altersbestimmungen überließ.

Die beiden Proben, die auf ihr absolutes Alter untersucht wurden, stammen von folgenden Fundstellen:

1. Aus dem Wasserstollen El Laurel, der sein Mundloch in 900 m Sh SE der Ortschaft La Guancha (an der N-Küste) hat; das Fanglomerat hat hier eine ca. 800 m mächtige Überlagerung aus einer Wechselfolge von Basalt und Phonolith.

2. Aus dem Fondo del Valle de la Orotava, südlich der Ortschaft Realejo Alto in 1000 m Sh; die Überlagerung aus Basalt beträgt hier 400 m. Diese Probe stammt aus Material, das von BRAVO als „Lahar" ähnlich bezeichnet wurde.

Beide Proben wurden am Institut für Radiumforschung und Kernphysik in Wien untersucht (Kennzahl VRI-323, VRI-324) und ergaben nach den Angaben von Herrn Dr. H. FELBER ein Radiokohlenstoffalter von > 36 000 a, eine Grenze nach oben ließ sich leider nicht festlegen.

Jedenfalls zeigen diese Funde an, daß bereits auf den alten Basalten ein Bestand aus Lorbeer, Ericaceen und Coniferen angenommen werden muß[1].

Über der oben erwähnten Basaltserie kam es dann im Zentrum der Caldera zu trachyphonolitischen Eruptionen, durch die sowohl der Pico del Teide als auch der benachbarte kleinere Pico Viejo aufgebaut wurden.

Darauf folgten wieder basaltische Ausbrüche, die schließlich bis in die Gegenwart andauern – der letzte Ausbruch auf Tenerife liegt allerdings schon längere Zeit zurück, und zwar war er 1909 bei der Montaña Chinyero WNW vom Teide.

---

[1] Da das Fanglomerat wesentlich älter ist als die Serien, in denen durch Sanidinanreicherungen absolute Altersbestimmungen (siehe S. 16) möglich waren, ist für die fossilen Hölzer mit einem Alter über 1,25 Mio. Jahren zu rechnen.

Untersuchungsmethoden

Die Probennahme in den Profilen erfolgte horizontweise nach makroskopisch erkennbaren Unterschieden, wie Farbe und Struktur, die ja auch schon einen unterschiedlichen Verwitterungsgrad anzeigen können. Für die Untersuchung sämtlicher Proben wurden folgende Methoden angewandt:

1. Dünnschliff-Analysen

2. Röntgendiffraktometer-Analysen (R D A)

Zur Bestimmung des Gesamtmineralbestandes der einzelnen Proben wurden diese gerieben und das Gesteinspulver röntgendiffraktometrisch analysiert.[1]

Auch die Bestimmung der Sekundärminerale erfolgte mittels Röntgenbeugung. Dazu wurden die Proben vorerst mit H_2O_2 behandelt, um eine möglichst weitgehende Zerlegung zu erreichen. Nach Abrauchen des Peroxids wurden sie in der Rüttelmaschine 2 Stunden geschüttelt und anschließend aufgeschlämmt. Aus diesen Suspensionen konnten nach entsprechenden Sedimentationszeiten (E. KÖSTER, 1964) die Fraktionen $< 20\ \mu$ und $< 2\ \mu$ gewonnen werden. Die weiteren Fraktionen $< 1\ \mu$ und $< 0,2\ \mu$ konnten nach einer von H. MÜLLER und L. PETROVA modifizierten Zentrifugenmethode (H. MÜLLER, 1974) abgetrennt werden.

Zur Herstellung von für Röntgenbeugung geeigneten Präparaten wurden die Suspensionen mit den Fraktionen $< 20\ \mu$ bis $< 0,2\ \mu$ mittels einer Wasserstrahlpumpe durch Diaphragmaplättchen gesaugt.

Die Röntgenaufnahme erfolgte an einer Philips-Apparatur unter folgenden Bedingungen: Strahlung $CuK\alpha$, Winkelgeschwindigkeit $1/2°$ pro Minute, kV 40, mA 20. Als innerer Standard konnten Mullit und Al_2O_3 aus dem Diaphragmaplättchen verwendet werden.

3. Untersuchungen am Rasterelektronenmikroskop (R E M)

Ziel dieser Untersuchungen war es, Beobachtungen an völlig unverändertem Probenmaterial durchzuführen. Dazu wurden die Proben in kleine Teilchen von ca. 4 mm Durchmesser zerbrochen und mit Leitsilber auf Probenteller aufgeklebt. Dabei war darauf zu achten, daß die natürlichen Bruchflächen der Trümmerpräparate möglichst parallel oder unter 45° zum Probenteller standen. Die Bedampfung erfolgte mittels einer Mikro BA-3 von BALZERS, wobei Kohle und Gold unter ständigem Drehen und unter verschiedenen Kippwinkeln aufgedampft wurden.

Für die elektronenoptischen Untersuchungen stand das Cambridge „Stereoscan" S 4 Rasterelektronenmikroskop zur Verfügung.[2] Die für die Aufnahmen verwendete Beschleunigungsspannung betrug 20 bzw. 30 kV.

Wo es möglich war, wurden qualitative chemische Analysen mittels des EDAX 707 (Energy Dispersive Analyser of X-rays), einem energiedispersiven Röntgenspektrometer, durchgeführt. Die Datenauswertung erfolgte nach dem System EDIT (EDAX-Data Improvement Technique). Beim EDAX-System werden elementspezifische Röntgenstrahlen von einem Silicium-Detektor aufgefangen und in elektrische Impulse umgesetzt. Die in der Probe enthaltenen Elemente wurden durch einen Analysator auf einem Bildschirm elektronisch zur Darstellung gebracht.

Da die Untersuchungen an unveränderten Proben durchgeführt wurden, befanden sich die einzelnen Minerale in ihrem natürlichen Verband. Dadurch war es unmöglich, die Minerale unter einem definierten Kippwinkel dem Elektronenstrahl auszusetzen. Aus diesem Grund konnten zwar quantitativ die vorhandenen Elemente bestimmt werden, über ihre mengenmäßige Verteilung in den einzelnen Mineralen können aber nur semiquantitative Aussagen gemacht werden.

4. Chemische Analysen

Bei den chemischen Untersuchungen wurden folgende Bestimmungen durchgeführt:
a) pH-Wert
b) Analyse des H_2O-Auszuges (K, Fe, Mn, Ca, Na)
c) Analyse des Na-Dithionit-Auszuges (Fe, Mn)
d) Analyse des TAMM-Auszuges (Fe)
e) Analyse des NaOH-Auszuges (Al, Si)
f) Analyse des HCl-Auszuges (Mg)

---

[1] Für die Untersuchungen stand ein vom Fonds zur Förderung der wissenschaftlichen Forschung in Österreich (Proj. Nr. 1613 und Proj. Nr. 1286) gestiftetes Gerät zur Verfügung.

[2] Auch diese Untersuchungen wurden vom Fonds zur Förderung der wissenschaftlichen Forschung in Österreich finanziell unterstützt (Proj. Nr. 1286 und Proj. Nr. 1617). Die Aufnahmen am Gerät wurden von Herrn W. WABRA, Institut für Bodenforschung und Baugeologie, Universität für Bodenkultur in Wien, in dankenswerter Weise durchgeführt.

Die pH-Messung erfolgte an einem Digital-pH-Meter der Fa. ORION RESEARCH (Modell 701).
Die quantitative Bestimmung der oben angeführten Elemente des H_2O- und NaOH-Auszuges wurde am Spektralphotometer der Fa. Karl ZEISS durchgeführt.

Die Auswertung des Na-Dithionit-, TAMM- und HCl-Auszuges erfolgte nach der Herstellung von Eichlösungen an dem Atom-Absorptions-Spektrophotometer PERKIN ELMER 300.[1]

5. Absolute Altersbestimmungen

Aus einigen Horizonten konnten größere Mengen von Sanidin-Kristallen gewonnen werden, die sich für absolute Altersbestimmungen nach der K-Ar-Methode als geeignet erwiesen.

Diese Bestimmungen wurden im „Laboratorio de Geocronologia e Geochimica Isotopice — C.N.R."[2] in Pisa (Italien) von O. GIULIANI durchgeführt. Dabei ergaben sich für die in dieser Arbeit behandelten Horizonte folgende Daten:

Profil/Horizont	K%	Ar %	Alter (Jahre)
1/B/1	5,50	21,0	1,25 Mio. ± 3,5%
2/9	5,0	9,0	1,1 Mio. ± 5%
2/10	4,64	7,5	675.000 ± 10%
2/2'	5,54	4,0	525.000 ± 10%

---

[1] Diese Bestimmungen konnten auf Grund des freundlichen Entgegenkommens von Herrn Prof. Dr. A. KRAPFENBAUER im Institut für Forstliche Standortsforschung an der Universität für Bodenkultur in Wien durchgeführt werden. Für die Anweisung an den Geräten möchte ich Herrn Dr. G. GLATZEL und für die Durchführung der Analysen Herrn W. KLUG sehr herzlich danken.

[2] Herrn Prof. Dr. G. FERRARA, dem Leiter des Institutes, möchte ich sehr herzlich dafür danken, daß er mir die Möglichkeit bot, diese Untersuchungen an seinem Institut durchführen zu lassen. Die dabei entstandenen Kosten wurden aus Mitteln des Fonds zur Förderung der wissenschaftlichen Forschung in Österreich, Proj. Nr. 1286, getragen.

Profil 1: Erjos

Morphologie und Klima

Die Profilstelle liegt im W der Insel in einer ausgedehnten Senke etwa 1 km südlich der Ortschaft Erjos direkt an der Verbindungsstraße von der Nordküste zur Südwestküste über Santiago del Teide. Die Seehöhe der Aufschlußstelle selbst beträgt 1040 m. Es befinden sich hier große Abbaugruben (siehe Abb. 1), aus denen Bodenmaterial abtransportiert und nach anderen Teilen der Insel verfrachtet wird.[1] Durch den hier in großem Umfang betriebenen Abbau wurden bereits bis über 10 m hohe Aufschlüsse freigelegt.

Abb. 1

Klimatisch liegt Erjos in der feuchten Lorbeerwald-Zone und außerdem, bedingt durch die Höhenlage, genau in dem Bereich, in dem sich fast täglich die Passatwolke bildet. Der durchschnittliche Jahresniederschlag beträgt 825 mm, die mittlere Jännertemperatur 10 ° C, die mittlere Julitemperatur 16 ° C.

Geologie

In der Geologischen Karte 1 : 50.000 (Region Guia de Isora), die vom „Instituto Geologico y Minero de España" herausgegeben wurde, sind an der Aufschlußstelle „Arcillas", also Tonablagerungen, eingetragen. Damit sind offensichtlich die Verwitterungsprodukte gemeint, die die beiden hier aneinandergrenzenden basaltischen Gesteine unterschiedlichen Alters überdecken. Es handelt sich dabei um Ergüsse der alten „Serie basaltica antigua", die fast zur Gänze das im W angrenzende Teno-Gebirge aufbaut, und um pyroklastische Gesteine der „Serie basaltica III". Da die Gesteine der „Serie basaltica antigua" aus dem Teno-Gebirge von den spanischen Geologen als altersgleich mit den entsprechenden Gesteinen aus dem Anaga-Gebirge angesehen werden, die erst in jüngster Zeit datiert werden konnten (J. C. CARRACEDO y F. G. TALAVERA, 1971), kann angenommen werden, daß auch hier Vulkanite aus dem Miozän vorliegen dürften.

---

[1] Das Material ist überwiegend plastisch und wasserhaltend und liefert Feinerde, die in den klimatisch günstigeren Küstengebieten auf unverwitterte Boden- und Schuttdecken aufgeschüttet wird, um dort Bananen anpflanzen zu können.

Bei den in der Geologischen Karte 1 : 50.000 als Tonablagerungen ausgeschiedenen Gesteinen handelt es sich nach unseren Beobachtungen um junge Bimsstein-Tuffe und um die Verwitterungsprodukte der pyroklastischen Gesteine der „Serie basaltica III". Auf jeden Fall bilden die bis zu 10 m mächtigen Bimsstein-Tuffe die jüngste Bedeckung in der gesamten Senke, wobei sie sowohl rote Verwitterungsprofile am Ostrand der Senke als auch braune im Zentrum und am Westrand überlagern.

Aufbau der Verwitterungsprofile

In der Senke von Erjos wurden zwei Teilprofile untersucht, deren gemeinsames Merkmal die mächtige Überlagerung mit hellen gelblichgrauen Bimsstein-Tuffen ist.

Teilprofil A

Am Ostrand der Senke unmittelbar neben der Straße Erjos–Santiago wurde durch den Abbau auf eine Länge von ca. 50 m ein etwa 8–10 m hohes Profil freigelegt (Abb. 2).

Unter der hier ungefähr 6 m mächtigen hellen homogenen Tuffüberlagerung findet sich ein 2–3 m hohes Verwitterungsprofil mit vorwiegend braunroten Farben.

Differenzierung nach makroskopischen Merkmalen (Abb. 3):

Über der durch den Abbau geschaffenen künstlichen Verebnungsfläche bilden das Liegendste hellbraune, stark verwitterte Schlackentuffe mit noch deutlich erkennbaren Einzelkomponenten (6). Darüber findet sich – allerdings nur stellenweise, überwiegend offenbar bereits frühzeitig aberodiert – eine ebenfalls braune, dichte und erdige Verwitterungsschicht (5). In diesem Horizont treten einzelne bis 20 cm große Basaltbomben auf.

Meist liegt direkt über (6) eine gut geschichtete, wellig strukturierte rotlehmartige Schicht (2), in der noch stark angewitterte Pyroxenkristalle zu erkennen sind. In diesem Schichtpaket sind eindeutig Gleitvorgänge rekonstruierbar. An einer Stelle konnte an Hand von Striemungen auch die Richtung des Eingleitens mit 260/45 eingemessen werden. Das heißt, daß zumindest diese Lage über einen mittelsteilen Untergrund von Osten in die Senke eingeglitten ist.

An einigen Stellen findet sich zwischen der liegenden Schicht (5) und dem Hangenden (2) noch eine Zwischenlage aus einem nicht strukturierten rotlehmartigen Paket (4), das aus dem braunen Horizont (5) allmählich überzugehen scheint. Auch diese Schicht dürfte überwiegend aberodiert worden sein.

Am N-seitigen Ende der Aufschlußwand ist in die geschichtete, wellig strukturierte, rotlehmartige Schicht eine auffallende Zwischenlage eingeschaltet, die sich sonst an keiner Stelle des Profils findet. Es handelt sich um einen fleckigen, grauen bis gelblichbraunen Schlackenhorizont, der besonders intensive Verwitterungserscheinungen zeigt (3). Dieser relativ grobe Schlackenhorizont paßt überhaupt nicht in die übrige Profilabfolge, die durchwegs aus feinkörnigen bis dichten Schichten besteht. Dafür paßt er sehr gut zu den ebenfalls grobkörnigen Schlacken (9), die jenseits der künstlichen Verebnungsfläche am O-schauenden Hang der Senke aufgeschlossen sind. Offenbar handelt es sich um den Verwitterungshorizont zu dieser Schlacke, der bei den oben beschriebenen Gleitvorgängen in seine heutige Position zwischen zwei identen rotlehmartigen Lagen gekommen ist.

Am gleichen Hang erscheint in etwas höherer Position ein intensiv gelber Horizont (1) über rotlehmartigen Schichten, sodaß anzunehmen ist, daß dieser Horizont die jüngste Lage dieses Verwitterungsprofils darstellt.

19

Ebenfalls am Nordrand der Aufschlußwand finden sich unter den braunen Horizonten noch tiefere Schichten aufgeschlossen. Zuerst tritt ein frischer Basaltstrom auf, der in einzelne Blöcke zerfallen ist (7); diese zeigen in der Stromrichtung gelängte Gasblasen und konzentrisch-schalige Verwitterung. Darunter tritt dann noch einmal eine rotlehmartige Schicht auf, die an der Oberfläche Frittungserscheinungen zeigt (8).

Damit ergibt sich nun für das Teilprofil A von E r j o s unterhalb der mächtigen, hellen Tuffbedeckung folgende Abfolge:

Horizont	Farbe an der Fließgrenze[1]	
1	5 YR 4/8	gelblichrot
2	10 R 4/6 – 2,5 YR 4/6	rot
3	7,5 YR 4/4 (Mischfarbe)	braun bis dunkelbraun
2	10 R 4/6 – 2,5 YR 4/6	rot
4	2,5 YR 3/6 – 4/6	rot bis dunkelrot
5	2,5 YR 3/6	rot
6	5 YR 4/6	gelblichrot
7	10 YR 4/2 (Mischfarbe)	dunkel graubraun
8	2,5 YR 3/6	dunkelrot
9	2,5 YR 3/4	dunkel rötlichbraun

Mineralogie und Petrographie

Die folgende horizontweise Beschreibung der einzelnen Schichten 9–1 beruht auf der zeitlichen Abfolge:

Horizont 9

Der Schlackentuff besteht aus braunen und rötlichbraunen Schlackentrümmern, die überwiegend gelblichbraune Verwitterungskrusten zeigen. Diese gelblichbraune Substanz tritt auch als Kittmasse zwischen den einzelnen Bestandteilen auf. In den hohlraumreichen Komponenten finden sich auch einige größere Einzelminerale, die sich aber mit freiem Auge nicht näher bestimmen lassen.

Das Dünnschliffbild bestätigt die makroskopische Beurteilung: es zeigt unterschiedlich zersetzte Schlackentrümmer mit porphyroblastischen Einsprenglingen. Die Schlacken treten sowohl in eckiger als auch kantengerundeter Form auf und variieren besonders stark in der Korngröße. Der unterschiedliche Zersetzungsgrad macht sich in stark differierenden Farben bemerkbar, die von opak über viele Braunabstufungen bis zu hellem Gelblichbraun reichen.

Zwischen den Schlackentrümmern treten helle, gelblichbraune, nichtdoppelbrechende Substanzen als Kittmasse auf.

Ein unterschiedliches Aussehen zeigen die Hohlräume innerhalb der Schlackenbruchstücke. Schon in etwas angewitterten Schlacken sind die kleinen Blasenräume vollständig mit hellen, gelblichbraunen amorphen Substanzen gefüllt; bei den großen tritt eine randliche bis teilweise Ausfüllung ein.

Bei den helleren und infolge von verwitterungsbedingten Entmischungserscheinungen bereits doppelbrechenden Schlackentrümmern finden sich andere Hohlraumfüllungen. Bei diesen sind die Blasenräume teilweise bis vollständig mit Chalzedon gefüllt, der in Form radialstrahlig aufgebauter Aggregate auftritt. Die gleichen Chalzedon-Büschel treten aber nicht nur in den Hohlräumen, sondern auch am Rand der Schlackenkomponenten auf (Abb. 4).

Bei den porphyrischen Einsprenglingen in den Schlacken handelt es sich um bis 1 mm großen Olivin und diopsidischen Pyroxen. Die Olivinkörner sind zwar ihrem

---

[1] Die Bestimmung der Farbwerte erfolgte an Hand der MUNSELL SOIL COLOR CHARTS.

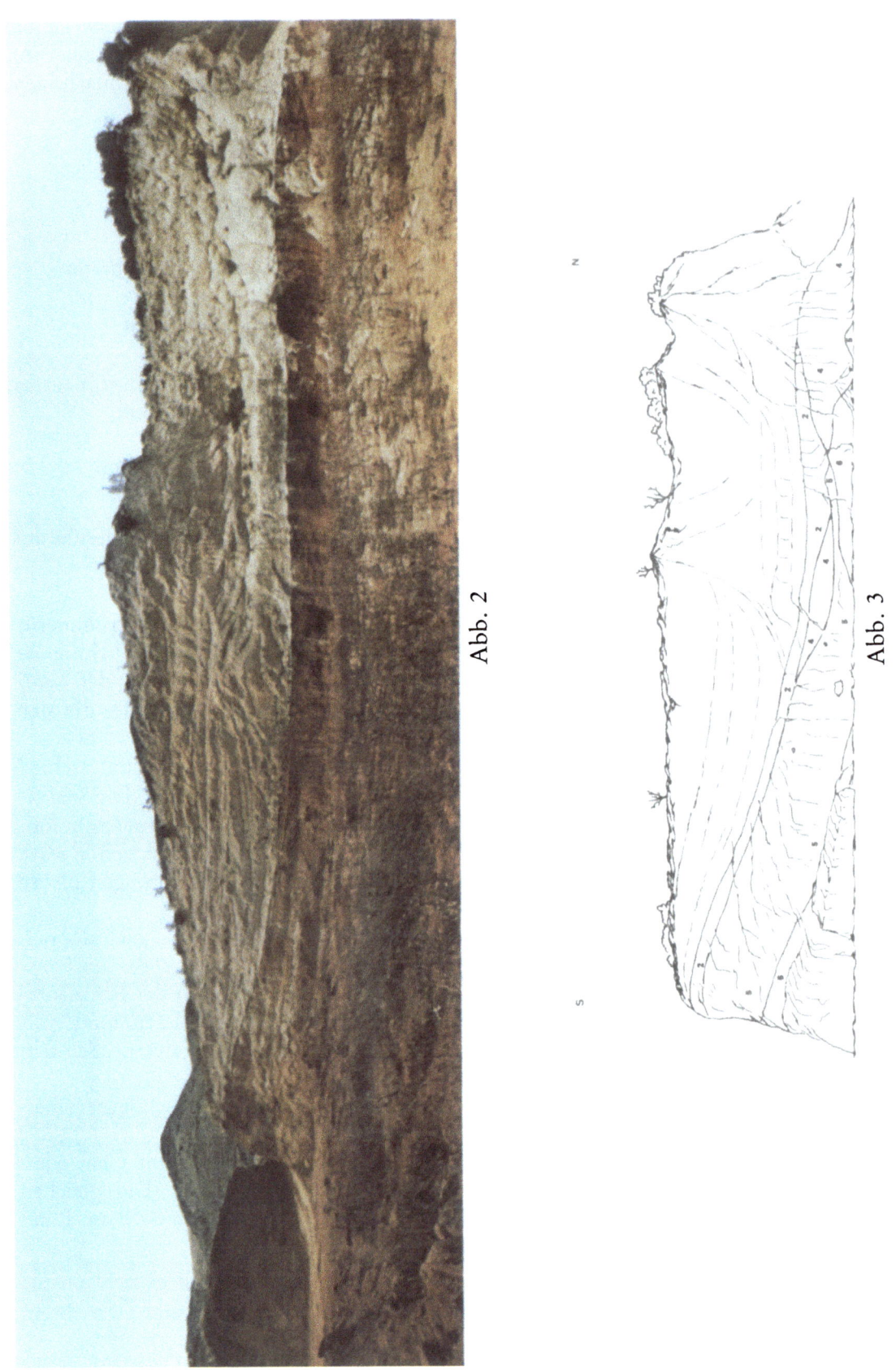

Abb. 2

Abb. 3

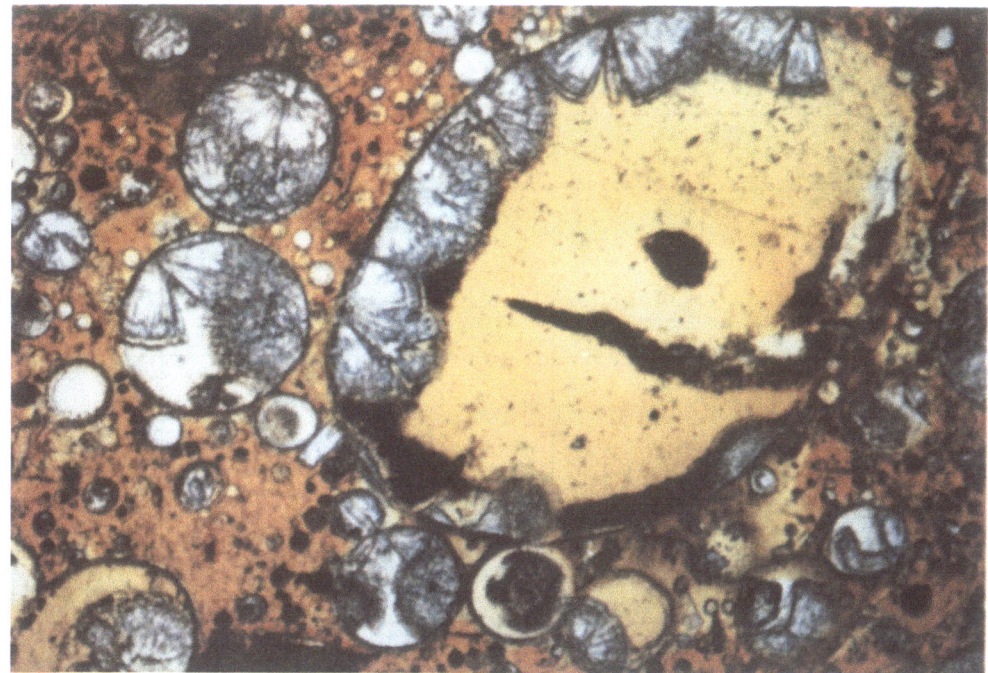

Abb. 4, Vergr. 100x

idiomorphen Umriß nach vollständig erhalten, von der Mineralsubstanz selbst ist aber nichts mehr vorhanden, wie an der für Olivin viel zu niedrigen Lichtbrechung zu erkennen ist. Randlich ist als Verwitterungsbildung eine dunkelbraune bis opake Fe-Oxid-Kruste entstanden. Auch im Inneren der Olivinkörner ist es stellenweise zur Ausscheidung von Fe-Oxiden gekommen, die in Form von unregelmäßig begrenzten Flecken oder als fadenförmige Verästelungen auftreten können.

Aus der Röntgenübersichtsaufnahme des gemahlenen Gesteinspulvers geht hervor, daß zu den Hauptgemengteilen in diesem Horizont auch noch Plagioklas und Magnetit gehören. Beide treten im Dünnschliffbild nicht in Erscheinung.

Legende zu den RDA-Tabellen

Magnetit ■	Chabasit △	Hämatit ☐
Olivin ◀	Sodalith ▷	Goethit ◇
Diopsid ▶	Ilmenit ■	Saponit ◁
Kalifeldspat ▲	Apatit ■	7Å-Halloysit ○
Plagioklas ▼	Anatas ☐	10Å-Halloysit ●
Quarz ◆	Tridymit ◆	Gibbsit ☐
	Cristobalit ◆	

Die Anzahl der Symbole entspricht einer semiquantitativen Angabe hinsichtlich der mengenmäßigen Verteilung. Halbe Symbole kennzeichnen ein Auftreten in Spuren.

RDA

Die Röntgenanalyse erfolgte in mehreren Stufen von einer Gesamtübersicht des gemahlenen Gesteins über die Fraktionen $< 20\,\mu$ und $< 2\,\mu$ bis zu $< 0{,}2\,\mu$, wo dies möglich war (siehe Tab. I).

In der Gesamtübersicht treten Diopsid und Plagioklas als Hauptgemengteile auf, dann folgen mit abnehmender Menge Magnetit, Hämatit, 7 Å-Halloysit und 10 Å-Halloysit. In der Fraktion $< 20\,\mu$ ändert sich das Bild insofern, als Diopsid und Plagioklas etwas zurücktreten, während 10 Å-Halloysit zum Hauptgemengteil wird; auch 7 Å-Halloysit und Hämatit nehmen mengenmäßig zu.

Die Fraktion $< 2\,\mu$ führt überhaupt nur mehr Sekundärminerale, wobei 10 Å-Halloysit und 7 Å-Halloysit vor Hämatit dominieren. Die Fraktion $< 1\,\mu$ zeigt ein starkes Zunehmen an Hämatit, während die Menge der Halloysit-Minerale gleichbleibt.

TABELLE I

Horizont	Gesamtübersicht	Fraktion <20μ	<2μ	<1μ	<0,2μ
1	■■■ ●●●●	■■ ●●●●	■ ●●●●		
2	■■■ □□□□ ●● ○○○○	■■■ □□□□ ●● ○○○○	■■■ □□□ ●● ○○○○ ◁	□□□ ● ○○○○ ◁	● ○
3	■■ □ ◀◀ ▼ △△△△ ▷▷ ● ◁	■ △△△△ ▷ ○○○ ◁	□ ●●● ○○ ◁◁◁◁	□□ ●●● ○○○ ◁◁◁◁	◐
2	■■■ □□□□ ●● ○○○○	■■■ □□□□ ●● ○○○○	■■■ □□□□ ●● ○○○○ ◁	□□□ ● ○○○○ ◁	● ○
4	■■■■ □□□□ ○○○○	■■■ □□□ ●● ○○○○	■■ □□ ●● ○○○○	□□ ○○	○
5	■■■■ □□□□ ●●● ○○○○ ▲▲▲ ■	■■ □□□ ●●●● ○○○○ ▲▲ ◁◁	■■ □□□ ●●● ○○○○ ▲▲ ◁◁	□□□ ●● ○○○○ ◁◁	◐ ◓
6	■■ ●●●● ○ ◁◁◁	■■ ●●●● ○○○ ◁◁◁	●●● ○○○○ ◁◁◁ ◇	●● ○○○ ◁◁◁◁	● ○○ ◁◁◁◁ ▲ ▲
7	■■■ ▶▶▶ ▲▲▲▲ □□ ■ ●● ○	■■ ▶▶▶ ▲▲▲▲ □□ ■ ●●●● ○	■ ▶ ▲▲▲ □□ ■ ●●●● ○○	●● ○○ ▲	
8	■■■ ▲▲▲▲ □□□ ●●● ◁	■■ ▲▲▲▲ □□□ ●●●●	■■ ▲ □□□ ●●●●	●●	◐
9	■■■ ▶▶▶▶ ▼▼▼▼ □□ ● ○○	■■■ ▶▶▶ ▼▼▼ □□ ●●●● ○○○	□□ ●●●● ○○○	□□□□ ●●●● ○○○	

R E M

Die Übersichtsaufnahme (Abb. 5) zeigt die hohe Porosität der Schlackentrümmer, die auf die intensive Durchgasung zurückgeht. Ein Blasenraum grenzt an den anderen, und auch in ihrem Inneren ist die Oberfläche an zahlreichen Stellen aufgebrochen.

Diese Innenflächen zeigen durchwegs bemerkenswerte Neubildungen. Abb. 6 stellt einen Ausschnitt aus der vorhergehenden Gesamtübersicht dar. Dabei zeigt sich, daß die Wände der Hohlräume keineswegs glatt, sondern stark genoppt sind. Dünne wurmförmige Gebilde wachsen von den Wänden weg in gekrümmten unregelmäßigen Formen in den Hohlraum hinein.

Von einer dieser Formen wurde mittels EDAX eine chemische Analyse durchgeführt, wobei sich Si als stark vorherrschendes Element erwies; weiters treten in abnehmender Menge Al, Ca und Fe auf, in Spuren fanden sich Ti, S (?) und K.

Als porphyrische Einsprenglinge in den hohlraumreichen Schlackentrümmern finden sich auch hier relativ gut erhaltene Einzelkristalle (Abb. 7). Die EDAX-Analyse ergab Si, Fe und Mg; in geringen Mengen Ca und K. Daraus und aus der stengeligen Form der Minerale läßt sich ableiten, daß es sich um Diopsid handelt, der ja bereits durch die RDA und auch lichtmikroskopisch erfaßt werden konnte. Der geringe K-Anteil der chemischen Analyse ist auf Verkrustungen zurückzuführen, die im REM-Bild deutlich zutage treten. Auffallenderweise gehen die porphyroblastischen Einsprenglinge völlig unbeeinflußt quer durch die Blasenräume, d. h. daß sie bereits in sehr stabiler Form bei den Durchgasungsvorgängen vorgelegen haben müssen.

Bezüglich der Neubildung von Halloysit darf hier auf die ausführlichen Beschreibungen in der Arbeit von 1974 (B. SCHWAIGHOFER: „Zur Verwitterung vulkanischer Gesteine – ein Beitrag zur Halloysit-Genese") verwiesen werden. Auch in diesem

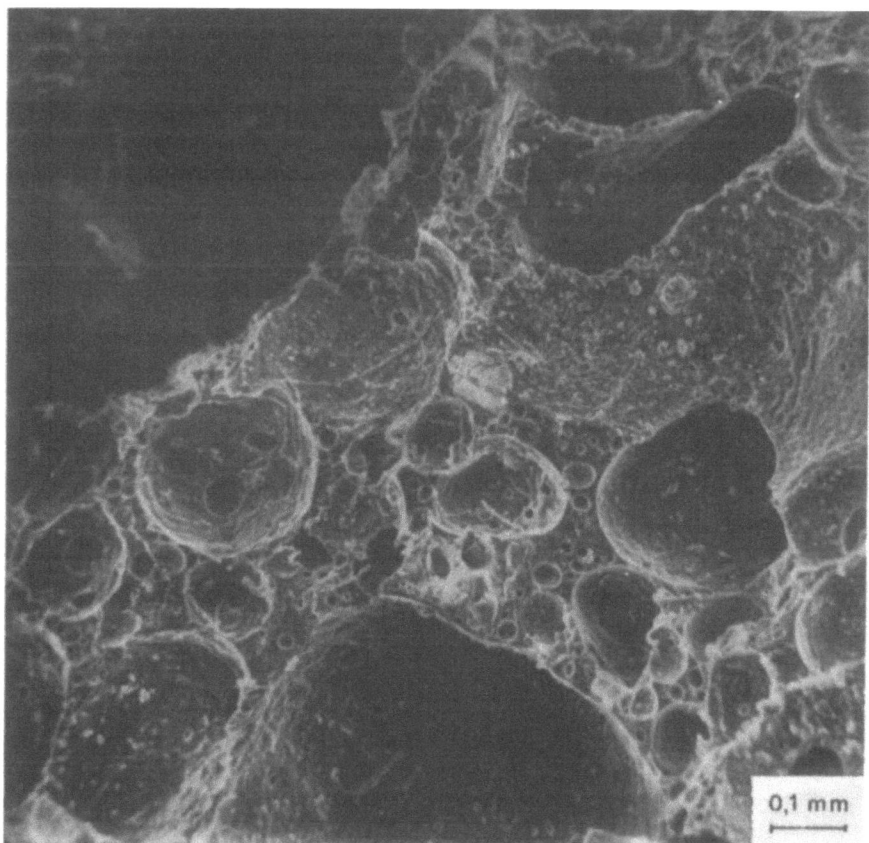

Abb. 5,
Vergr. 100x

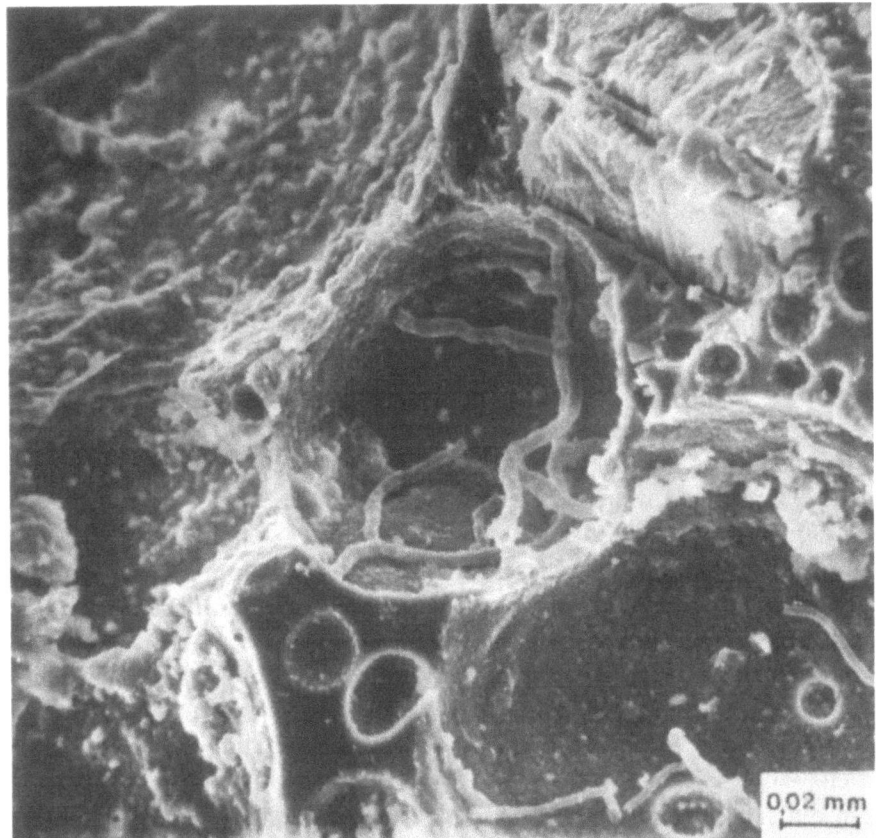

Abb. 6,
Vergr. 500x

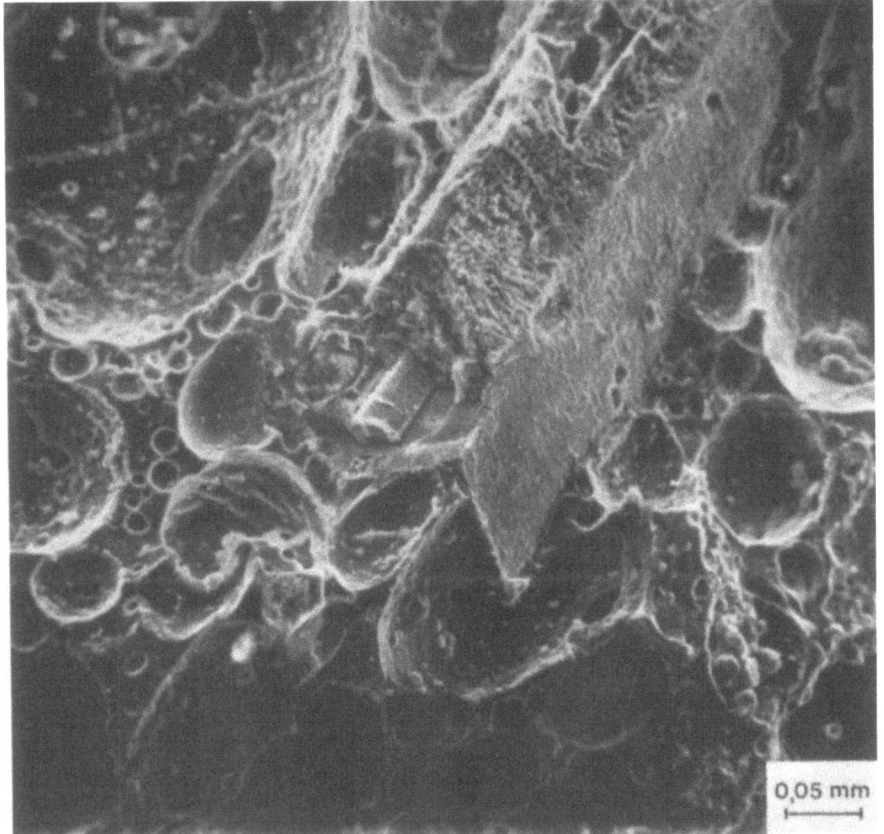

Abb. 7,
Vergr. 200x

Horizont (9) konnte der Halloysit in den beiden charakteristischen Formen, nämlich röhrenförmig bzw. kugelig, beobachtet werden.

Horizont 3

Im heute vorliegenden Verwitterungsprofil liegt der Horizont 3 zwar in einer höheren Position, genetisch läßt er sich aber eindeutig als Verwitterungsbildung aus dem Horizont 9 ableiten. Der mürbe und mit den Fingern zerreibbare Schlackentuff ist intensiv mit bräunlichgelben Verwitterungssubszanzen überzogen und durchsetzt. Das hohlraumreiche Gefüge ist in den frischeren grauen Partien noch gut zu erkennen, aber auch die Hohlräume sind teilweise bis vollständig mit den bräunlichgelben Substanzen gefüllt. Größere Einzelminerale sind in den Schlacken noch zu erkennen, aber mit freiem Auge nicht bestimmbar.

Das Dünnschliffbild zeigt ebenfalls Schlackentrümmer in unterschiedlichen Zersetzungsstadien (wie Horizont 9). Die hellbraune Füllmasse zwischen den Schlacken ist doppelbrechend, genauso wie die Substanzen in den zahlreichen Rissen und Spalten. In diesen ist durchwegs ein Anlagerungsgefüge zu beobachten, wobei konzentrisch angeordnete, dunkelbraune Schichten im Zentrum gegen die Ränder in immer hellere übergehen.

Die gleichen Strukturen finden sich auch in den Hohlräumen. Dort allerdings als Anlagerungen um bereits vorhandene Sekundärbildungen (Abb. 8). Dabei handelt es sich um Chabasit (röntgenographisch bestimmt), der als Entmischungsprodukt aus der glasigen Grundmasse der Schlacke sämtliche Hohlräume randlich auskleidet. Der Chabasit tritt allerdings hauptsächlich in den frischen, vorwiegend noch opaken Schlackentrümmern auf.

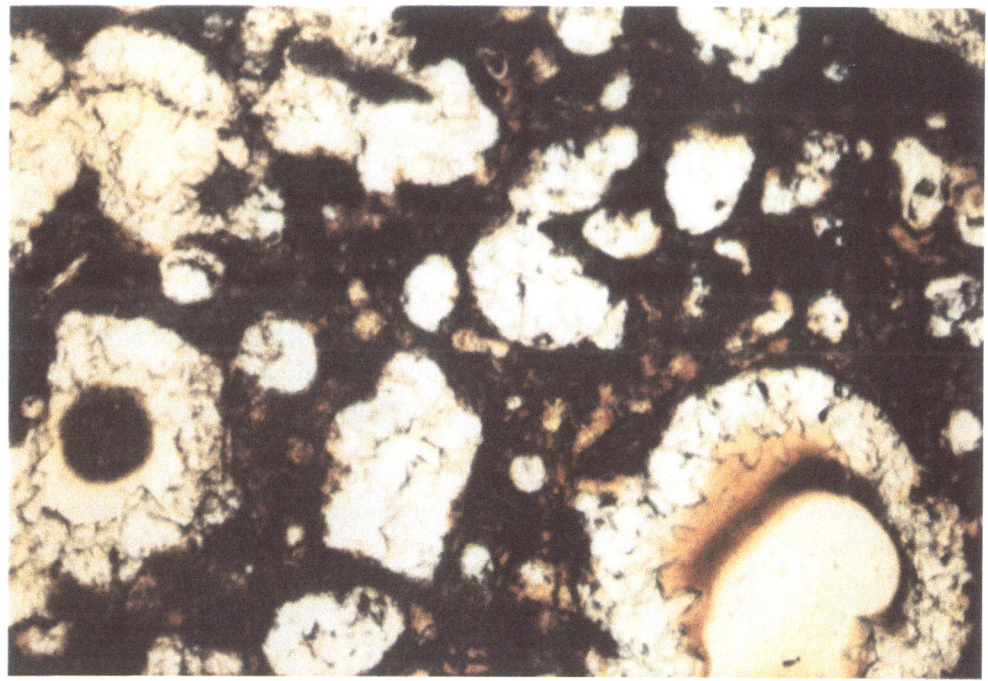

Abb. 8, Vergr. 100x

Die schichtig strukturierten, braunen, doppelbrechenden Substanzen stellen somit spätere Einschlämmungen aus höheren Niveaus dar. Häufig sind sie von Rissen durchzogen, d. h. daß diese Tonhäutchen als Folge jüngerer Eintrocknungsvorgänge zerrissen worden sind.

Als porphyrische Einsprenglinge treten wieder Olivin und Pyroxen auf. Beide zeigen braune bis opake Fe-Oxid-Krusten. Die bis 1,5 mm großen, überwiegend idiomorphen Diopsidkristalle sind relativ frisch, mitunter treten randlich Korrosionserscheinungen auf. Als häufige Einschlüsse finden sich kleine Magnetitwürfel. Die Krustenbildungen haben einen dunkelbraunen bis opaken Innenrand und werden nach außen heller, gelblichbraun. Nur in den stark verwitterten, entmischten Schlackentrümmern zeigen die Diopside eine randliche Auffaserung und im Innern eine fleckenweise Anreicherung brauner Fe-Oxide. Bei diesen Pyroxenen ist es nicht zu Ausbildungen einer Kruste gekommen; in aufgegangenen Spaltrissen sind helle, gelblichbraune, nicht doppelbrechende Substanzen in den Kristall eingedrungen. Im Innern finden sich dann Hohlräume, die mit konzentrisch angeordneten, durch Rekristallisation doppelbrechenden Schichten ausgekleidet sind.

Die Olivinkörner sind wesentlich stärker angegriffen als die Pyroxene. Die Umrisse sind noch gut erhalten – sie werden von braunen Fe-Oxiden gebildet; im Innern ist es meist zur starken Auffaserung und Bildung von Sekundärmineralen gekommen.

Ganz vereinzelt finden sich Feldspatleisten mit Zwillingslamellierung.

RDA

In der Gesamtübersicht des gepulverten Probenmaterials herrscht eindeutig Chabasit als Hauptgemengteil vor. In größerer Menge treten weiters Magnetit, Olivin und Sodalith auf. Untergeordnet finden sich Plagioklas, Hämatit, 10 Å-Halloysit und Saponit.

In der Fraktion < 20 µ dominiert noch immer Chabasit, von den Primärmineralen scheint nur mehr Magnetit auf. Stark zugenommen hat hier der Gehalt an Halloysit, der in der 7 Å-Form auftritt; untergeordnet erscheinen Sodalith und Saponit.

In der Fraktion < 2 µ dagegen wird Saponit zum vorherrschenden Hauptgemengteil, und auch 10 Å- und 7 Å-Halloysit treten in größerer Menge auf, außerdem auch etwas Hämatit.

Die Fraktion < 1 µ zeigt im wesentlichen das gleiche Bild: überwiegend Saponit sowie 10 Å- und 7 Å-Halloysit; der Gehalt von Hämatit hat etwas zugenommen.

In der Fraktion < 0,2 µ finden sich Spuren von 10 Å-Halloysit.

REM

Auf Übersichtsaufnahmen konnten auch in diesem Horizont zahlreiche Blasenräume festgestellt werden.

Wo die Wände dieser Hohlräume aufgebrochen sind (Abb. 9), erscheint unter der verkrusteten, genoppten Oberfläche eine radial-blättrige Struktur senkrecht zur Wand. Über der Kruste wachsen deutlich rhomboedrische Kristalle in den Hohlraum hinein – Chabasit. In der Detailaufnahme (Abb. 10) ist zu erkennen, daß die Wandauskleidungen aus drei Schichten aufgebaut sind, und zwar folgt nach außen über der radial strukturierten Lage noch einmal eine dichte, nicht strukturierte Schicht. Bei den EDAX-Analysen der drei Schichten ergeben sich insofern Unterschiede, als der Fe-Gehalt in der äußersten Al überwiegt: in den beiden inneren ist es umgekehrt. In allen drei Lagen herrscht Si vor.

Daneben finden sich allerdings Krustenbruchstücke, die einen sehr ähnlichen Aufbau haben (Abb. 11) – nur fehlt hier die äußerste Schicht. Hier herrscht sowohl außen als auch innen eindeutig Fe vor, gefolgt von Al und geringen Mengen Ti. In der inneren Lage könnte höchstens in Spuren auch Si vertreten sein.

Als porphyrische Einsprenglinge finden sich hier auch Feldspäte. Die EDAX-Analyse ergibt Si, Al und K, weiters Fe, Ca und in Spuren Mg und Mn. Na kann bei der EDAX-Analyse nicht erfaßt werden, nach der RDA und nach den lichtmikroskopischen Untersuchungen liegen hier Plagioklase vor. Auf den Spaltflächen der Feldspäte treten polsterförmige Aggregate auf, in denen Si und Al vorherrschen. Demnach könnte es sich um Halloysit-Neubildungen handeln (Detailbeschreibung bei B. SCHWAIGHOFER, 1974).

Eine andere Form von Neubildungen zeigt Abb. 12, wo kettenförmige Aggregate über einer mit Noppen und kleinen Fortsätzen versehenen Kruste liegen. Deutlich erkennt man die pseudohexagonalen Umrisse der einzelnen Kettenglieder. Aus diesem

27

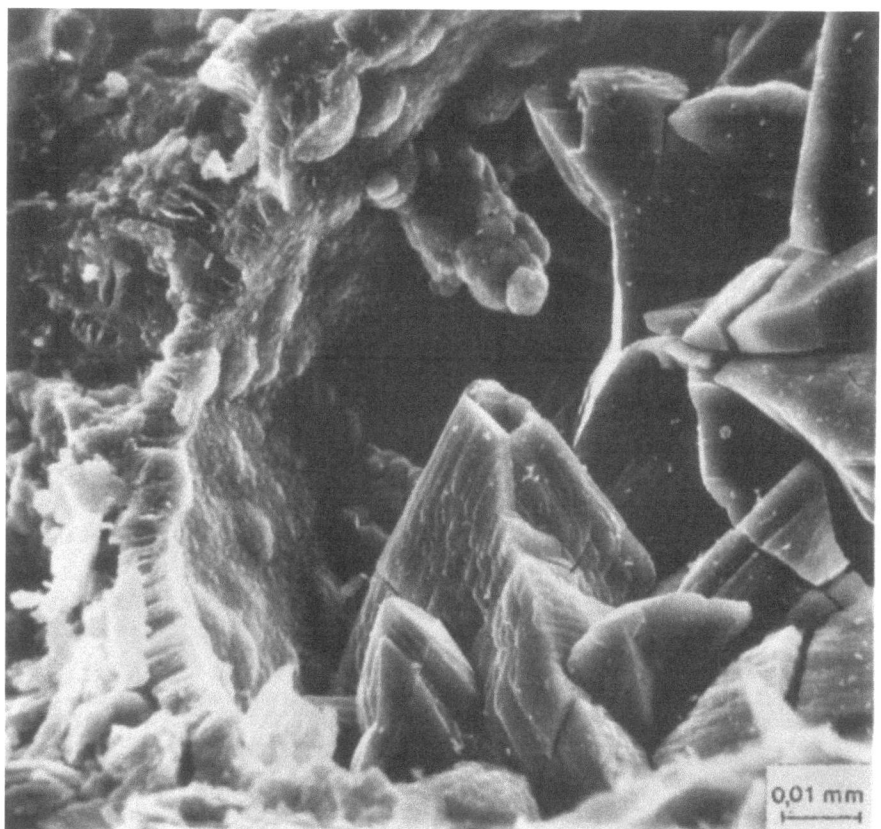

Abb. 9,
Vergr. 1k

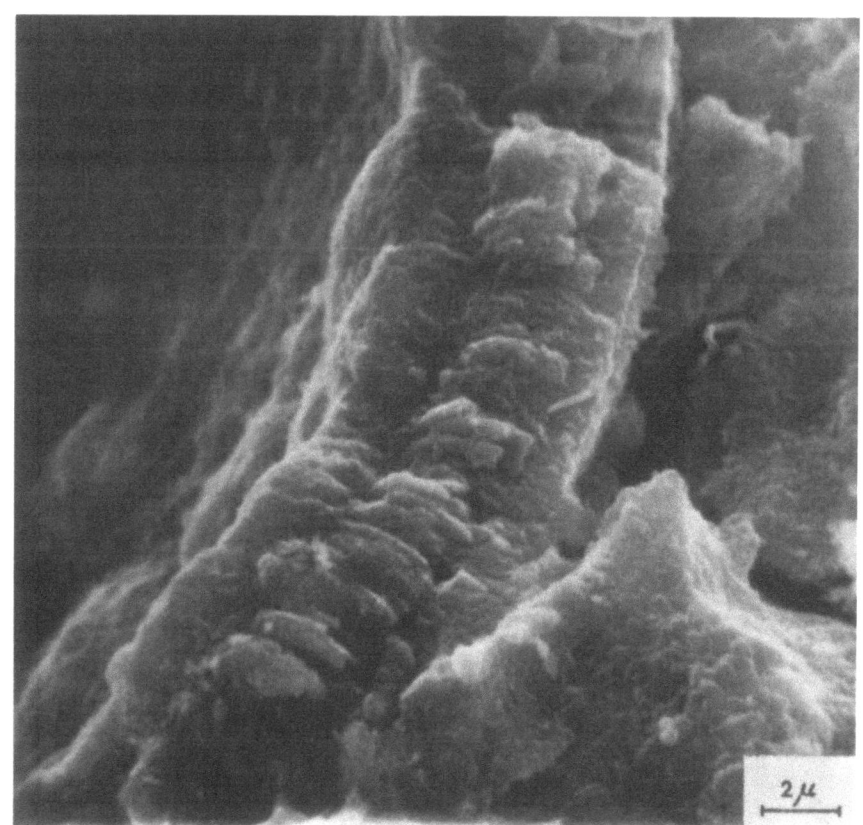

Abb. 10,
Vergr. 5k

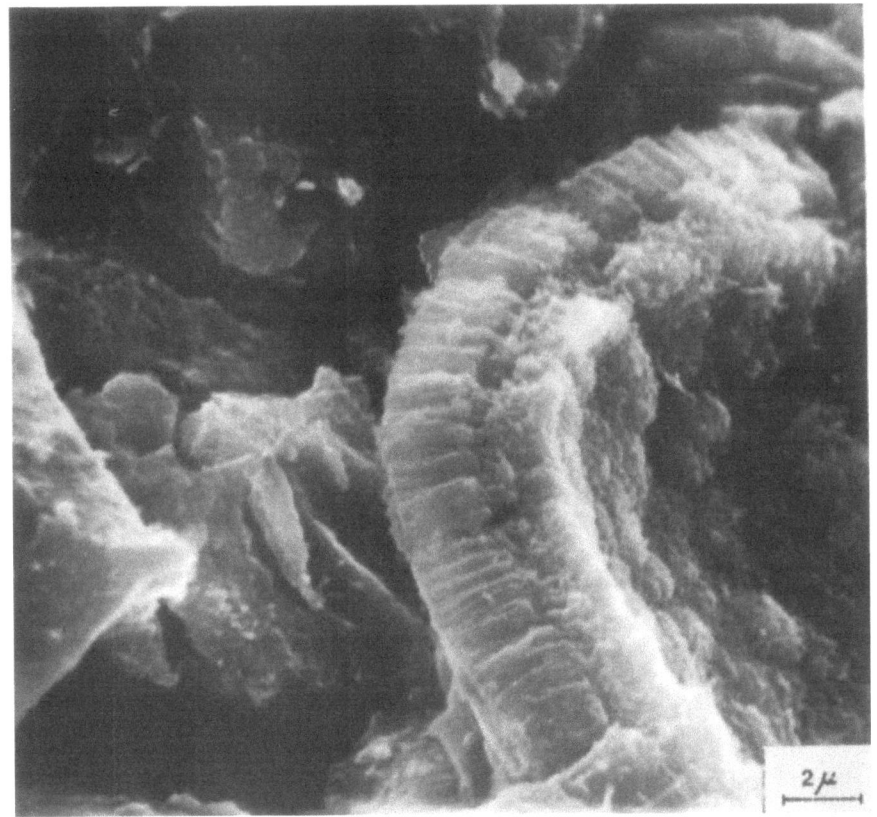

Abb. 11,
Vergr. 5k

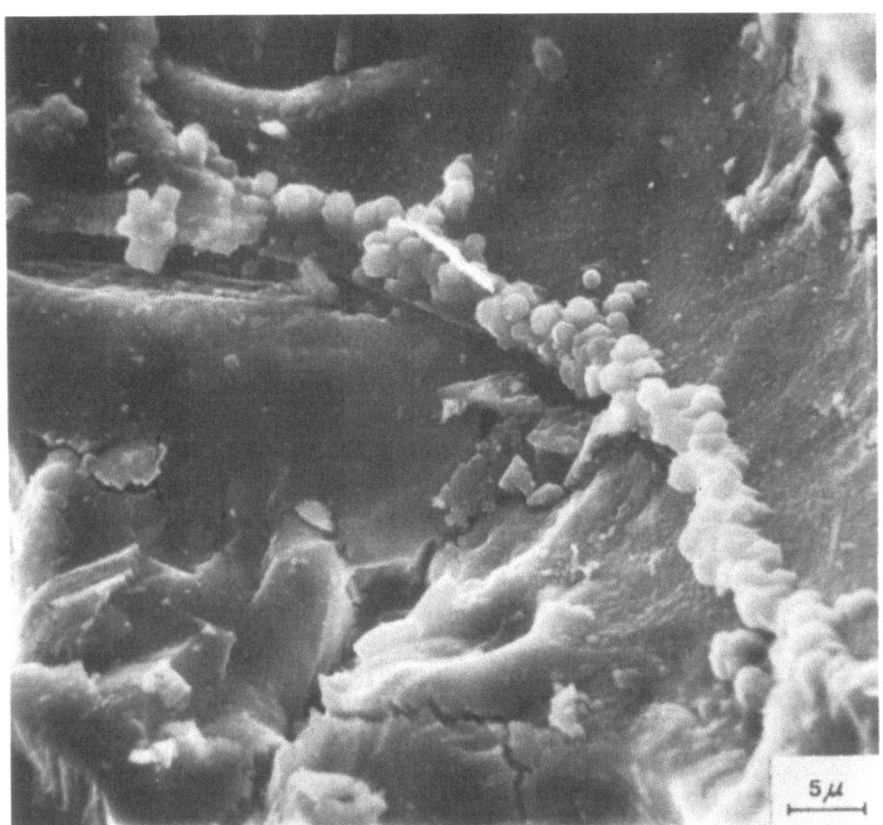

Abb. 12,
Vergr. 2k

Habitus und der chemischen Analyse (Vormacht an Si, Fe und Mg, dann Al und in sehr geringen Mengen Ti und Ca) ergibt sich, daß hier Saponit-Aggregate vorliegen.

Horizont 8

Mit diesem Horizont setzte ursprünglich über den beiden zusammengehörenden Schichten 9 und 3 eine neue Serie ein.

Es handelt sich dabei um eine intensiv rot gefärbte Schicht, die an ihrer Oberfläche an der Grenze zum überlagernden Basalt Frittungserscheinungen zeigt. Auch dieser Horizont besteht aus Schlackenkomponenten, infolge der starken Verwitterung kommt aber das ursprüngliche Gefüge kaum mehr zum Vorschein. Der Großteil der ehemaligen Hohlräume ist mit Verwitterungssubstanzen gefüllt. Einzelne bis 5 mm große Olivinkörner treten deutlich als Einsprenglinge hervor; sie sind intensiv angewittert, zeigen aber noch glänzende, goldbraune Kristallflächen. Gegenüber Olivin stark zurücktretend findet man auch einige 1–2 mm große Magnetitkörner sowie helle Feldspatleisten.

Auch das Dünnschliffbild läßt ein weit fortgeschrittenes Verwitterungsstadium erkennen (Abb. 13). In einer dichten Grundmasse finden sich überwiegend gerundete Schlackentrümmer, große meist stark zersetzte Olivinkristalle, Sanidin-Aggregate mit deutlichem Fluidalgefüge und Magnetitkörnchen.

Abb. 13, Vergr. 25x

In den Hohlräumen der Schlacken treten nur ganz dünne Säume von farblosen Neubildungen auf; in Rissen und Spalten braune, nicht oder nur schwach doppelbrechende Substanzen mit deutlichen Anlagerungsstrukturen. Diese Einschlämmungen sind später durch Eintrocknung wieder zerlegt worden.

Von den porphyrischen Olivinkristallen sind auch hier überwiegend nur mehr skelettartige Reste bzw. rotbraune Säume erhalten. Dabei zeigt sich, daß die in den ehemaligen Spaltrissen auftretenden roten Fe-Oxide gegen außen in braune übergehen.

RDA

In der Gesamtübersicht dieser Probe dominiert eindeutig Kalifeldspat, und zwar in einer natronreichen Abart (Anorthoklas); in etwas geringerer Menge treten Magnetit, Hämatit und 10 Å-Halloysit auf; in Spuren Saponit.

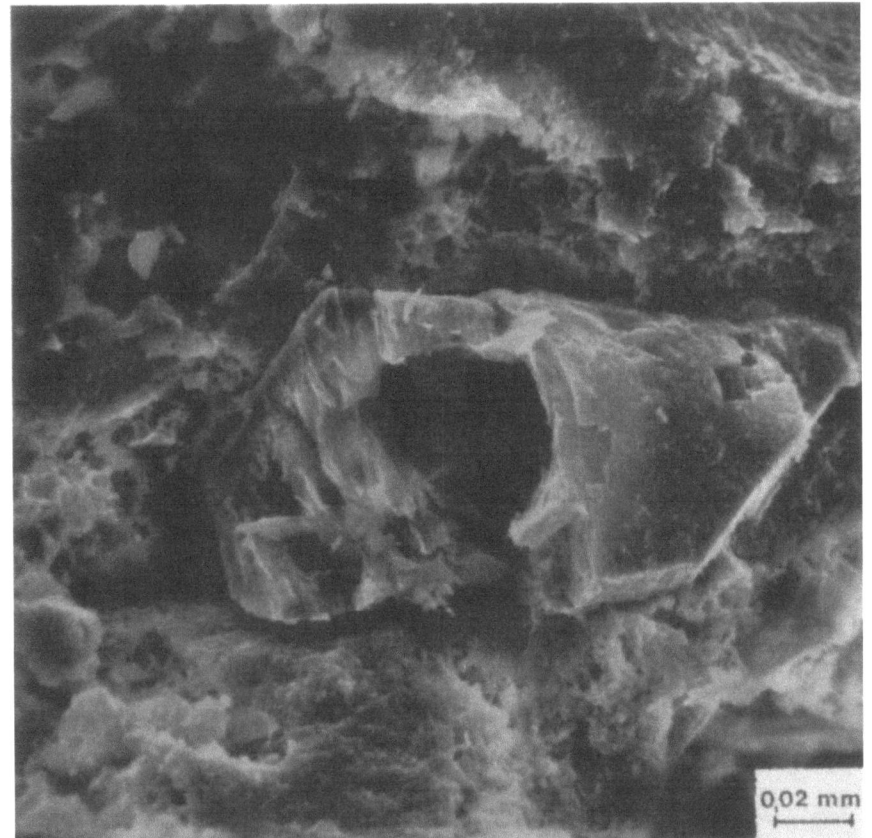

Abb. 14,
Vergr. 500x

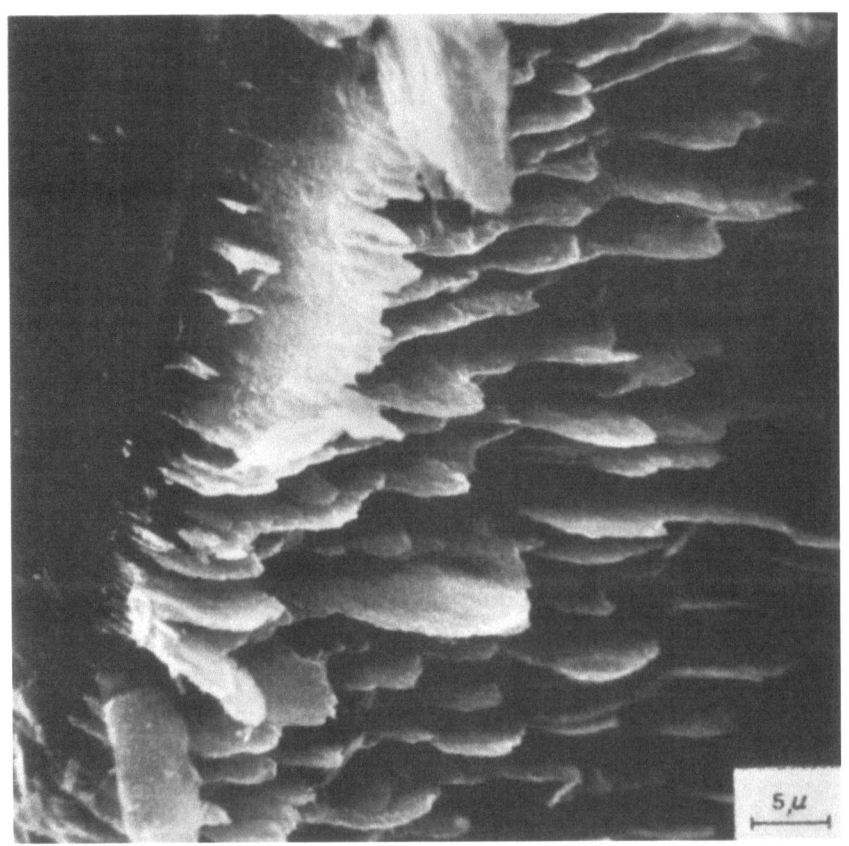

Abb. 15,
Vergr. 2k

In der Fraktion < 20 μ erscheinen Kalifeldspat und 10 Å-Halloysit etwa in gleicher Menge. Hämatit und Magnetit treten zurück.

Bei der Fraktion < 2 μ herrscht allein 10 Å-Halloysit vor, dann kommt Hämatit, und nur mehr in Spuren finden sich Magnetit und Kalifeldspat.

Die Fraktion < 1 μ führt ausschließlich 10 Å-Halloysit und auch der ist stark zurückgegangen.

Die Fraktion < 0,2 μ zeigt nur mehr Spuren der Kristallisation zum 10 Å-Halloysit.

REM

Auf Abb. 14 sind deutlich die noch erhaltenen Reste eines porphyrischen Olivinkristalls (EDAX-Analyse: vorherrschend Si, Fe und Mg; in Spuren Ti und Ca) zu erkennen. Die Auflösung ist teilweise – vor allem im Zentrum – weit fortgeschritten; nach einem offenbar homogenen Randbereich kommt es im Innern zu einer plattenförmigen Aufgliederung des Kristalls.

Abb. 15 zeigt einen Ausschnitt aus einem anderen Olivinkristall, bei dem es infolge der Verwitterung zu einer besonders intensiven Auflösung in einzelne dünne, parallel orientierte Platten gekommen ist.

Auf Abb. 16 ist die Zerlegung von Olivin entlang eines ehemaligen Spaltrisses zu sehen. Senkrecht dazu sind große Teile der Primärsubstanz weggelöst, subparallel angeordnete Fasern und Stengel sind stehengeblieben.

Auch auf Abb. 17 sind die Reste eines besonders stark aufgelösten Primärkristalls (Olivin ?) zu erkennen. Die EDAX-Analyse zeigt eine sehr komplexe Zusammensetzung, was sicher auf Neukristallisation aus den Verwitterungslösungen hinweist. Stark vorherrschend tritt Fe auf, gefolgt von Si, Ti, S (!) und Ca; in geringeren Mengen erscheinen Al, Mn und Mg. Besonders auffallend sind kugelförmige Aggregate, die gehäuft in einem verwitterungsbedingten Hohlraum des Primärkristalls auftreten. Ob es sich um die gleichen polsterartigen Halloysit-Aggregate handelt, die bereits in einer früheren Arbeit (B. SCHWAIGHOFER, 1974) ausführlich beschrieben wurden, kann hier nicht mit Sicherheit festgestellt werden.

Ähnliche Neubildungen zeigt Abb. 18 in Form von polsterartigen Überzügen. Im Detail ist eine wirre Vielfalt von geknickten und verzweigten Formen zu erkennen. Bei noch stärkerer Vergrößerung erscheinen diese Formen als genoppte Röhrchen. Die EDAX-Analyse auf die gesamte Verwachsungseinheit ergab Al und Mn; bei der Punktanalyse auf ein einzelnes Röhrchen verschwindet Mn und etwas Si erscheint, sodaß es sich hier möglicherweise um Vorstufen der Halloysit-Kristallisation handelt. Die Abb. 19 zeigt den Übergang zwischen noch homogenen Bereichen und den röhrchenförmigen Neubildungen, wobei einzelne Formen gerade gestreckt in den freien Raum hineinwachsen. Möglicherweise liegen hier Frühformen vor und die Knickung erfolgt erst in einem reiferen Stadium der Entwicklung. Völlig andersgestaltige Neubildungen, die offenbar Fortsätze aus stark reliefierten Krustenteilen darstellen, zeigt Abb. 20. Auch hier erkennt man mehrere Stadien der Entwicklung: aus kammförmigen Erhebungen bilden sich runde kraterförmige Fortsätze, die bei fortgeschrittenem Wachstum ihre symmetrische Form verloren haben, wobei die ursprüngliche runde Öffnung zu einem Schlitz deformiert wurde, in dem sich häufig ein zweiter, senkrecht zum ersten, gebildet hat.

Nach der EDAX-Analyse sind diese Formen nur aus Al und Fe zusammengesetzt.

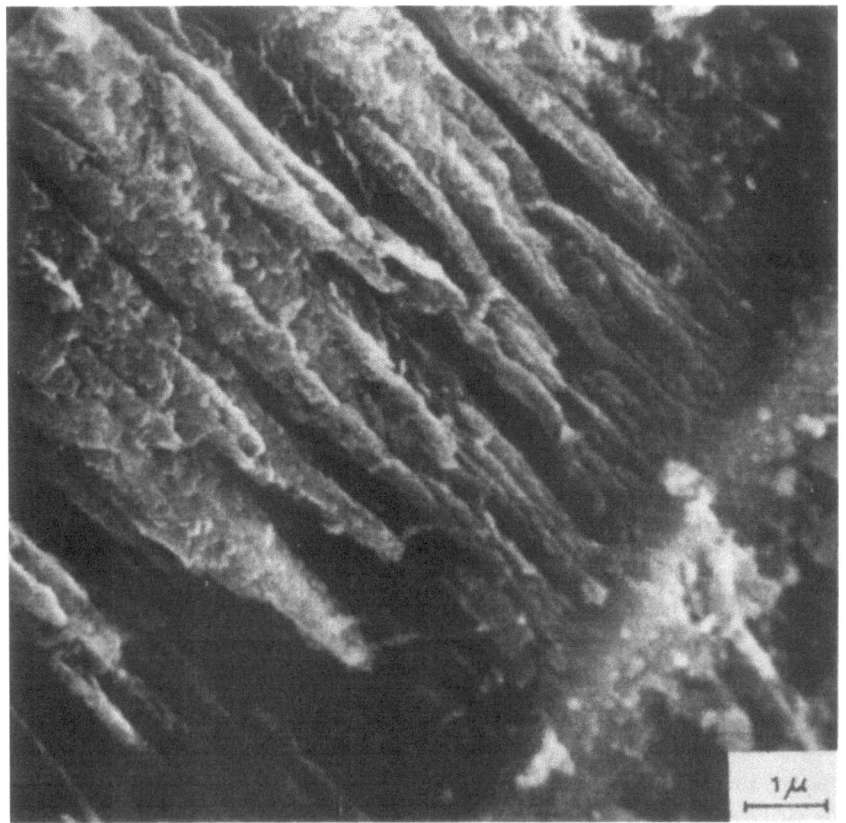

Abb. 16,
Vergr. 10k

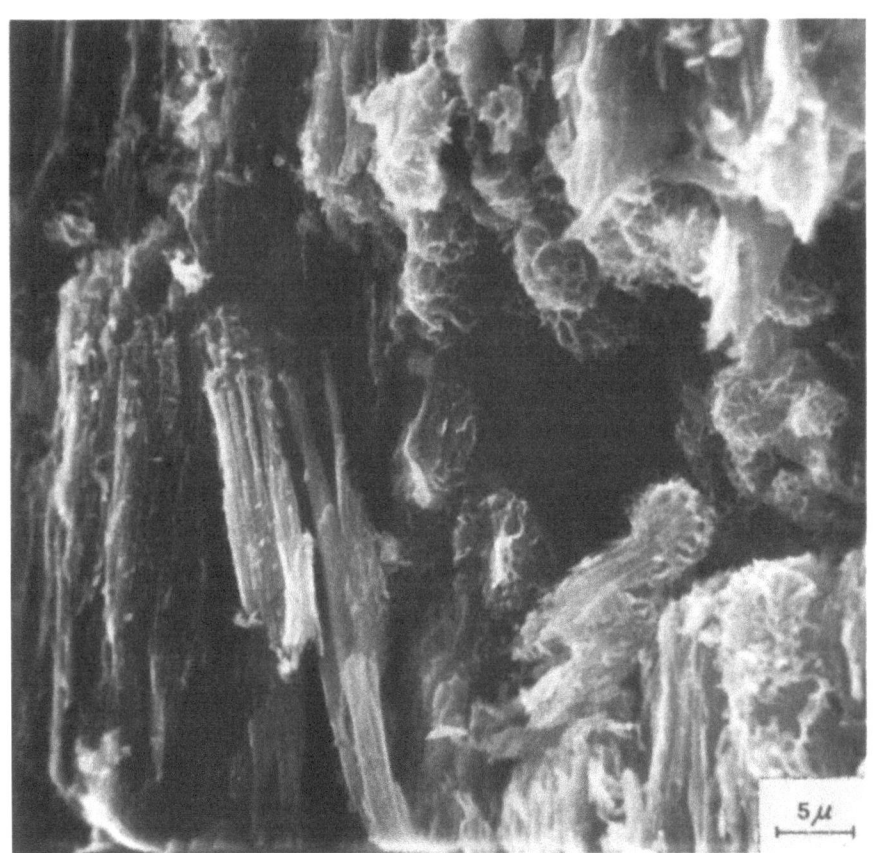

Abb. 17,
Vergr. 2k

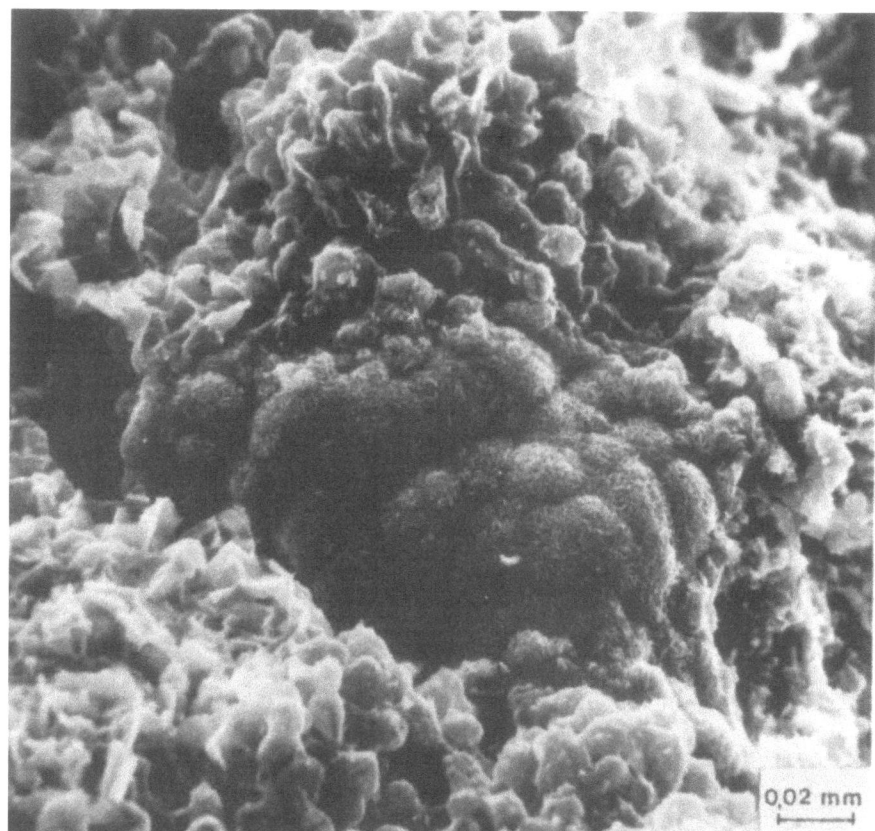

Abb. 18,
Vergr. 500x

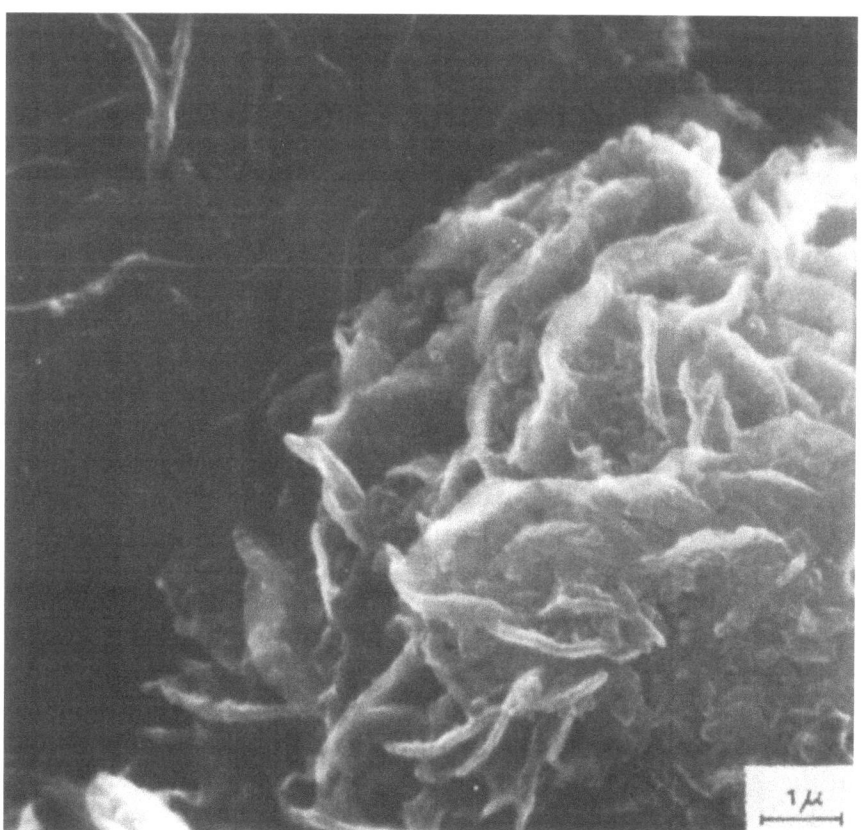

Abb. 19,
Vergr. 10k

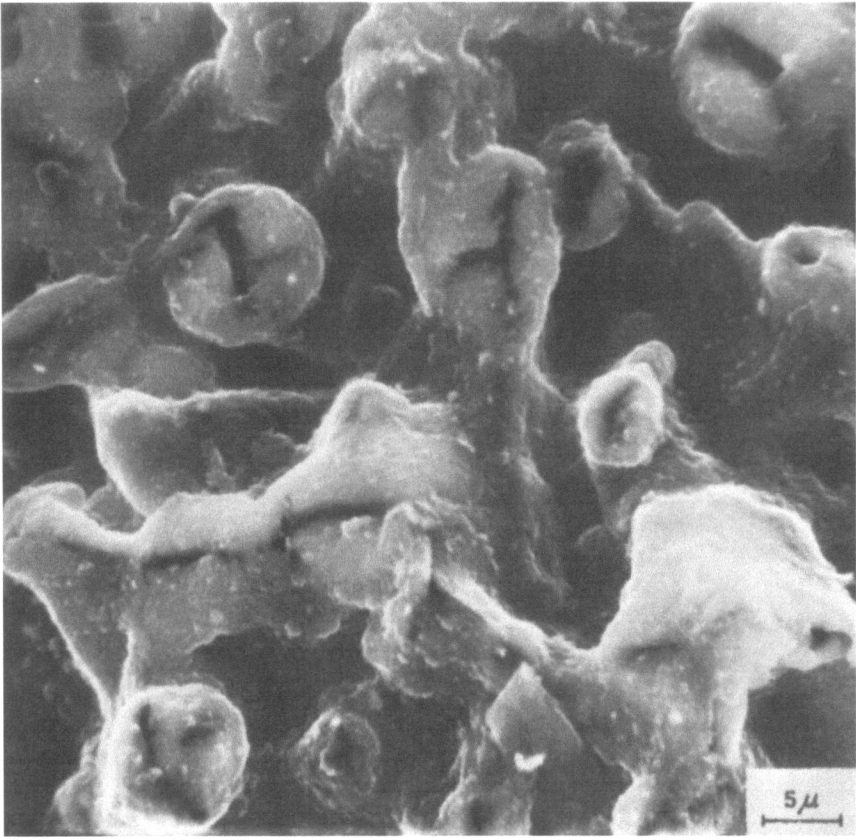

Abb. 20, Vergr. 2k

Horizont 7

Dieser Horizont stellt die frischeste Lage der gesamten Profilabfolge dar. Es handelt sich um einen Blockstrom aus Basalt, in dem die einzelnen Blöcke konzentrische schalige Verwitterungsrinden zeigen. Auch dieser Basalt ist relativ stark durchgast, wobei die einzelnen Blasen überwiegend in der Strömrichtung gelängt sind.

Am frischen Bruch ist das Gestein hell bläulichgrau, an der Oberfläche treten rostig braune, rötliche und schwarze Farben auf. Vor allem die Wände der Gasblasen sind mit dunklen Krusten überzogen. In der dichten Grundmasse sind mit freiem Auge stark angewitterte goldbraun glänzende Olivinkristalle zu erkennen, die eine Korngröße bis 1 cm erreichen können. Meist sind aber große Teile dieser Porphyroblasten bereits ausgebrochen. Mit kleinerer Korngröße (3–4 mm) treten Pyroxene auf.

Im Dünnschliff (Abb. 21) ist die makroskopisch dichte Grundmasse als ein feinkörniges Gemenge von vorwiegend Feldspat und Magnetit aufzulösen; dazwischen große (Kg. ca. 4 mm) idiomorphe Diopsideinsprenglinge, die nur vereinzelt einen braunen Verwitterungssaum zeigen. Kleinere Pyroxenkristalle in der Grundmasse sind dagegen wesentlich stärker verwittert und durchwegs mit braunen Fe-Oxiden überzogen. In einigen wenigen Rissen ist es auch hier zur Anlagerung von braunen und rötlichen, doppelbrechenden Substanzen gekommen. Auffallenderweise treten an den Rißwänden nur helle, gelblichbraune Lagen auf, in der Mitte dagegen dunklere bräunlichrote.

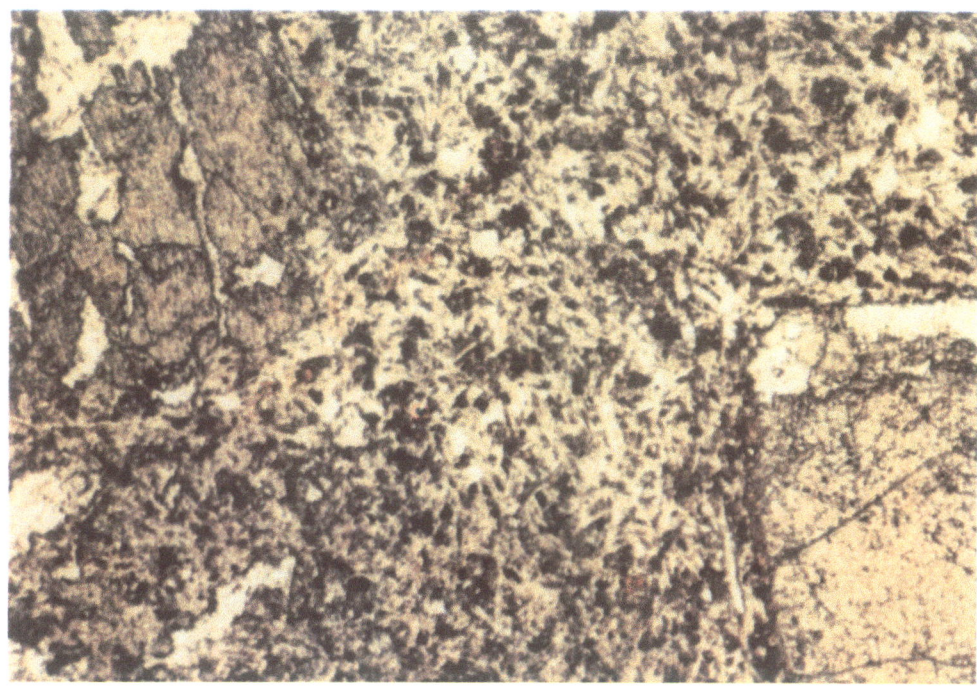

Abb. 21, Vergr. 25x

RDA

In der Gesamtübersicht treten als Hauptgemengteil Diopsid und Na-reicher Kalifeldspat (Anorthoklas) auf, gefolgt von Magnetit; in geringerer Menge Hämatit und 10 Å-Halloysit, stark zurücktretend erscheinen Apatit und 7 Å-Halloysit.

Die Fraktion < 20 μ zeigt im wesentlichen die gleiche Zusammensetzung, nur ist der Gehalt an Magnetit und Diopsid zurückgegangen, während 10 Å-Halloysit stark zugenommen hat.

In der Fraktion < 2 μ herrscht 10 Å-Halloysit allein vor, aber noch immer treten beträchtliche Mengen von Kalifeldspaten auf. Dann kommen Hämatit, 7 Å-Halloysit und nur mehr in sehr geringen Mengen Diopsid, Magnetit und Apatit.

In der Fraktion < 1 μ schließlich treten auch die neugebildeten Minerale nur mehr schwach in Erscheinung (10 Å- und 7 Å-Halloysit), in Spuren dürfte Tridymit (?) vorkommen.

REM

Die Abb. 22 zeigt unterschiedlich ausgebildete Krustenformen. Besonders markant tritt ein zapfenförmiges, in sich bereits wieder zerbrochenes Gebilde in Erscheinung. Nach der chemischen Analyse herrschen hier in etwa gleicher Menge Si, Fe und Al vor, dann folgen Mn und Ti, sowie stark untergeordnet Ca.

Noppenförmige Verkrustungen erscheinen auf der Oberfläche eines Ti-führenden Diopsids (Abb. 23). Im Detail handelt es sich bei den Auflösungsstrukturen um subparallel angeordnete elliptische Einkerbungen, die unterschiedlich tief in den Kristall eingeschnitten sind; in den tiefsten finden sich neugebildete Aggregate. Die EDAX-Analyse auf der Kristallfläche selbst ergab folgende Zusammensetzung: überwiegend Si, Al und Fe, untergeordnet Ca, Ti und K, in Spuren Mg und Na (?). Dabei ist zu berücksichtigen, daß eine Reihe dieser Elemente natürlich bereits aus Verwitterungslösungen auskristallisierte. Bei den Neubildungen in den Einkerbungen fanden sich geänderte Mengenverhältnisse: Si, Al und Ca herrschen vor, gefolgt von Fe, Ti und K. Die noppenförmigen Verkrustungen entlang des Spaltrisses zeigten folgende Zusammensetzung: Hauptgemengteile Si, Fe, Ti, zurücktretend Al, Mg und Ca, in Spuren K.

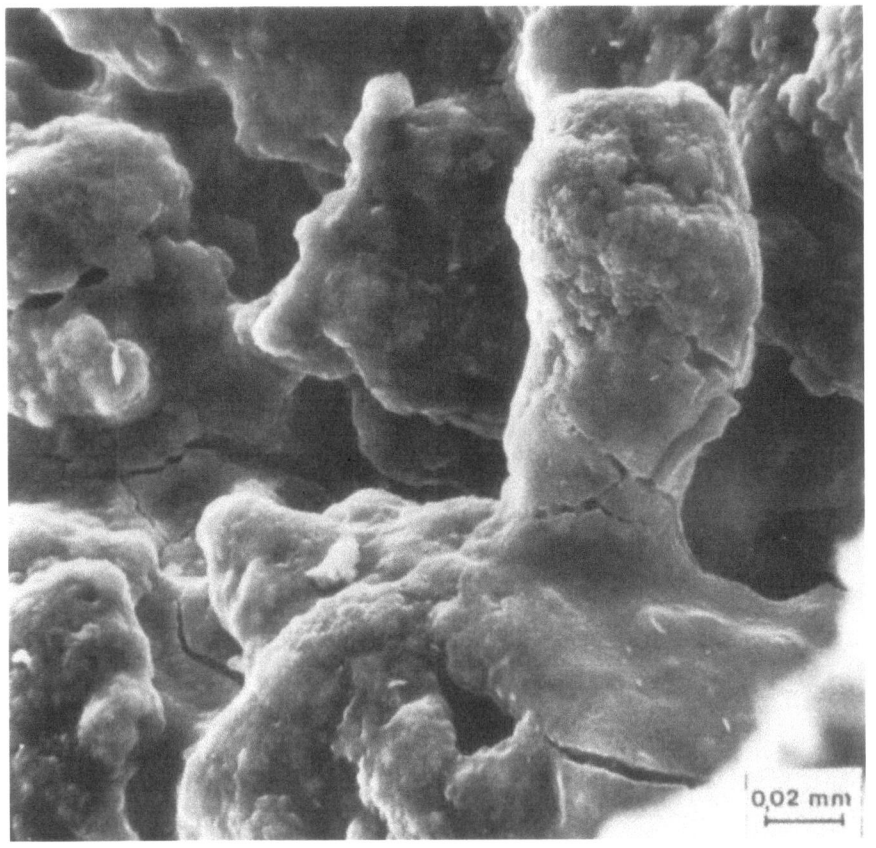

Abb. 22,
Vergr. 500x

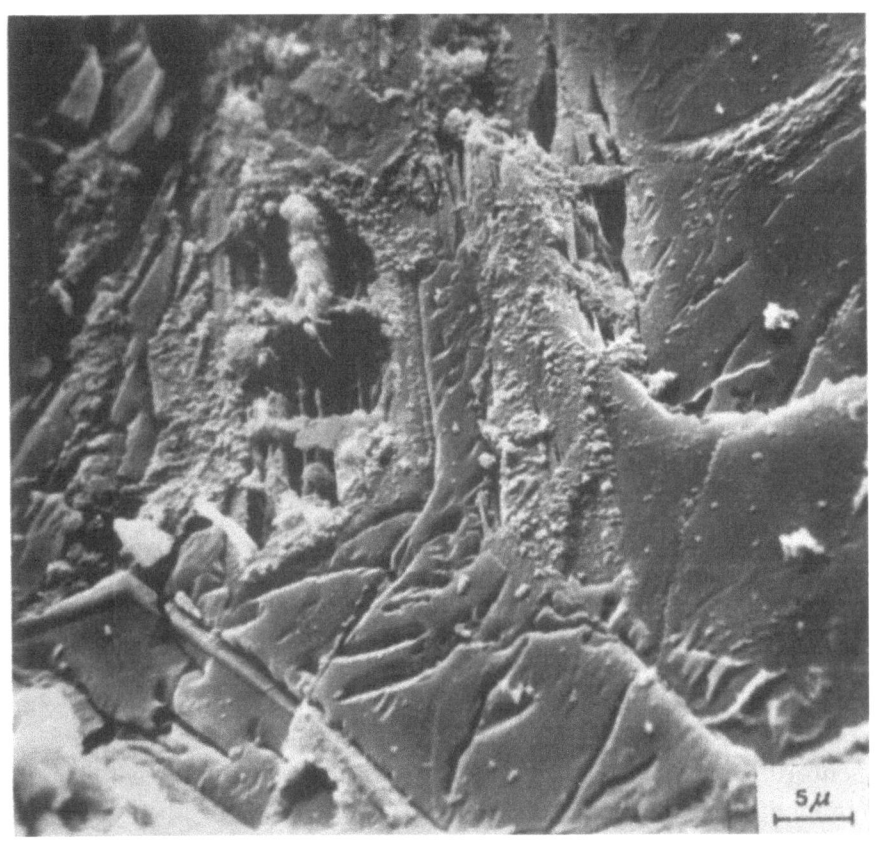

Abb. 23,
Vergr. 2k

Abb. 24, Vergr. 5,5k

Auf Abb. 24 finden sich innerhalb der Grundmasse die letzten Reste eines besonders stark angegriffenen und aufgelösten Kristalls. Man erkennt deutlich die spitz pyramidale Form dieser Auflösungsstruktur, die nach der EDAX-Analyse hauptsächlich aus Ca, Fe und Si und aus geringen Mengen Al und Ti zusammengesetzt ist. Demnach handelt es sich hier um ein besonders weit fortgeschrittenes Verwitterungsstadium des Ti-hältigen Diopsids.

Horizont 6

Dieser Horizont stellt entlang des Großteils der Aufschlußwand die liegendste Schicht dar. Dabei handelt es sich um einen stark verwitterten Schlackentuff, der überwiegend braungefärbt ist und nur stellenweise auch heller – gelblich – oder dunkler – rötlich – gefleckt auftreten kann. In Rissen finden sich bläulichschwarze Bestege – Mn-Oxid-Ausscheidungen. Trotz der fortgeschrittenen Verwitterung sind noch deutlich porphyrische Einsprenglinge zu erkennen – durchwegs stark zersetzte, bis 5 mm große Olivinkristalle.

Auch im Dünnschliff macht sich die intensive Verwitterung bemerkbar. Schlackentrümmer und Einzelkristalle bilden Einschlüsse in einer hohlraumreichen, in der Substanz aber dichten Grundmasse. Die einzelnen stark durchgasten Schlackenkomponenten sind infolge der Zersetzungsvorgänge bereits doppelbrechend. In sämtlichen Blasenräumen finden sich randlich farblose Neubildungen, an die häufig braune doppelbrechende Substanzen (Einschlämmungen) angelagert sein können. Porphyrische Olivine und Pyroxene treten als Einzelkristalle in der Grundmasse und als Einschlüsse in den Schlacken auf. Während die Olivine meist vollständig von Fe-Oxiden durchsetzt sind, finden sich bei den Pyroxenen die Fe-Oxid-Anreicherungen in Spaltrissen und an

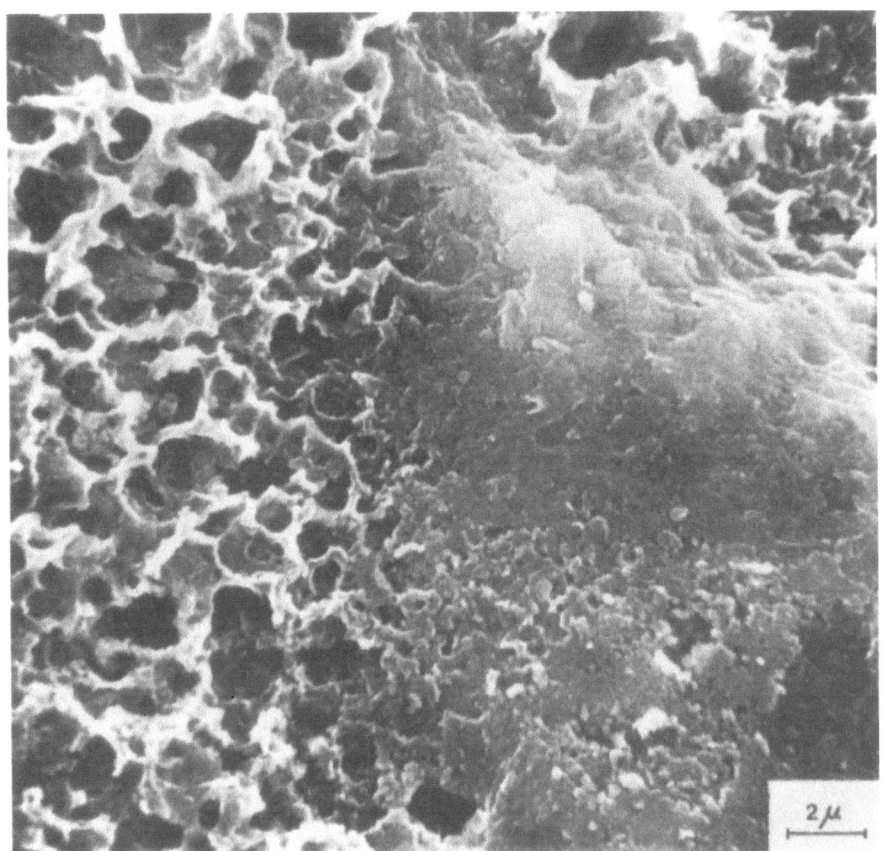

Abb. 25, Vergr. 5k

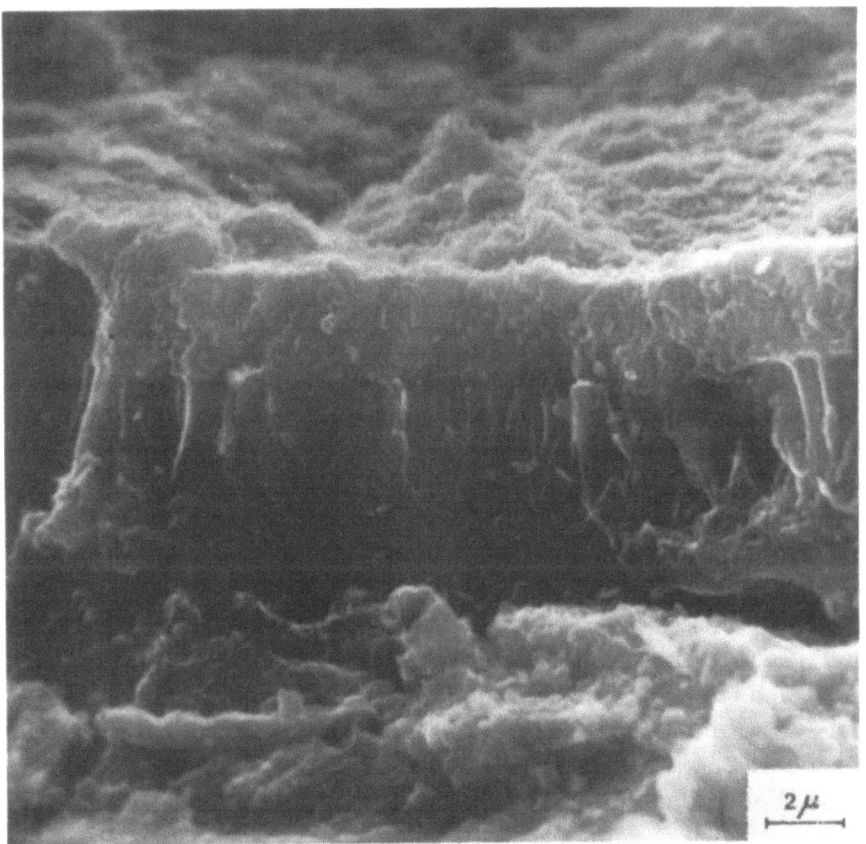

Abb. 26, Vergr. 5k

Abb. 27, Vergr. 2k

den Rändern; von der Primärsubstanz ist allerdings auch bei ihnen nur mehr wenig erhalten geblieben.

Braune doppelbrechende Substanzen erscheinen als Anlagerungen in den Rissen der Grundmasse.

RDA

Schon in der Gesamtübersicht treten bei diesem Horizont vor allem Verwitterungsprodukte in den Vordergrund. Es dominiert 10 Å-Halloysit, gefolgt von Saponit, dann Magnetit (als einziges Primärmineral) und 7 Å-Halloysit.

Die Fraktion < 20 μ zeigt im wesentlichen das gleiche Bild, nur 7 Å-Halloysit tritt etwas stärker in Erscheinung.

In der Fraktion < 2 μ ist der Magnetit völlig verschwunden, dafür erscheint Goethit in geringen Mengen; 7 Å-Halloysit hat noch mehr zugenommen.

In der Fraktion < 1 μ herrscht Saponit vor, dann kommt 7 Å-Halloysit, während 10 Å-Halloysit immer stärker zurücktritt.

Auch in der Fraktion < 0,2 μ dominiert noch Saponit, wenngleich nur mehr in geringen Mengen; ganz untergeordnet erscheinen 7 Å-Halloysit und 10 Å-Halloysit. In Spuren könnten Tridymit (?) und Cristobalit (?) vorhanden sein.

REM

Die Abb. 25 zeigt das Mikrogefüge der Schlackenkomponenten in einem Übergangsbereich zwischen dichten und intensiv durchgasten Partien.

Auf Abb. 26 ist ein Bruchstück aus der Wand eines Blasenraumes zu erkennen. Wie auf Abb. 10 (Horizont 3) finden sich auch hier wieder drei Schichten: als innerste unter der wellig genoppten Oberfläche eine dichte Lage, dann eine Schicht mit radialblättriger Struktur und schließlich wieder eine dichte Lage. Die EDAX-Analyse zeigt auch in der Zusammensetzung Parallelität zum Horizont 3: stets überwiegt Si, innen gefolgt von Al und dann Fe, außen umgekehrt; untergeordnet finden sich noch Ti und Ca.

Häufig erscheinen kugelige Formen. Im Zentrum der Abb. 27 ist eine dieser Kugeln aufgebrochen und man erkennt, daß es sich um Hohlformen handelt. Bei anderen ist nur eine oberflächliche Rinde abgeplatzt. Detailaufnahmen zeigen, daß sowohl die Kugeloberfläche als auch die darunterliegende Schicht ein starkes Relief mit Ansätzen zu Neukristallisationen (wahrscheinlich Halloysit) aufweisen. Eine Analyse der Kugeloberfläche ergab starke Si-Vormacht, dann Fe und Al, wenig Ti und in Spuren Ca.

Es ist anzunehmen, daß es sich bei diesen Kugeln um die isolierten Wandauskleidungen der ehemaligen Blasenräume der Schlacken handelt.

Horizont 5

Der Horizont 5 erscheint wesentlich dichter als der darunter liegende, zum Teil erdig. Schlackenkomponenten sind nicht zu erkennen, sondern porphyrische Einsprenglinge: bis 5 mm große gelbbraune Olivine, 3–4 mm große rötlichbraune Pyroxene und 1–2 mm große glänzende Feldspäte. Die dichte Grundmasse zeigt zahlreiche ca. 1 mm große Poren. Auch im Dünnschliff treten die Schlackentrümmer stark zurück, häufiger erscheinen Einzelminerale als Einsprenglinge in der Grundmasse. Die intensivsten Zersetzungserscheinungen zeigen hier wieder die Olivine, bei denen von der Primärsubstanz häufig nichts mehr erhalten blieb; meist bilden dunkelbraune Fe-Oxide skelettartige Reste. Wesentlich frischer sind die Pyroxene, die sowohl als Schlackeneinschlüsse als auch als isolierte Einzelkristalle in der Grundmasse auftreten. Diese Einzelkristalle zeigen einen dunkelbraunen bis opaken Fe-Oxid-Panzer, in ihrem Innern ist es teilweise ebenfalls schon zu skelettartiger Auflösung gekommen. In den Schlackeneinschlüssen sind die Pyroxene frischer erhalten. Sie zeigen eine fingerförmige Auffächerung mit einer Zone der Isotropisierung gegen den Rand zu. Eine dünne bräunliche Fe-Oxid-Lage bildet den äußersten Saum (Abb. 28).

Abb. 28, Vergr. 250x

Eine vorwiegend mechanische Zerlegung ist bei den Feldspäten zu beobachten. Die bis 1,5 mm großen Kristalle liegen in relativ frischer Form in der Grundmasse, zu der sie offensichtlich nicht primär gehören. Entlang des ausgeprägten Spaltrißsystems ist es von innen her und meistens an mehreren Stellen zu einer starken Zerlegung bis Auflösung des Feldspats gekommen, wobei die prismatischen Einzelteile noch in losem Zusammenhang stehen können.

An einzelnen Randpartien, wo die Zerlegung auch schon die Randbereiche erreicht hat, ist Bodensubstanz in den Feldspat eingedrungen.

Sekundärminerale sind nicht zu beobachten. Dagegen sind neugebildete Minerale in den Aggregaten festzustellen, die hauptsächlich aus fluidal angeordneten Sanidinleisten bestehen. Fleckenweise ist es zur Anreicherung von Fe-Oxiden gekommen, wobei sich zwei Generationen unterscheiden lassen: randlich hellbraune doppelbrechende mit einer fasrigen Internstruktur senkrecht zum Rand des Neubildungskomplexes und im Zentrum ein dunkelbraunes Konzentrat (Abb. 29).

Ganz vereinzelt treten auch Biotitschuppen in ungewöhnlich gut erhaltener Form auf; sie zeigen weder randliche Aufspaltung noch Ausbleichung, sondern noch immer den charakteristischen Pleochroismus. Häufiger Gemengteil der Grundmasse sind weiters noch die opaken Magnetitkörner.

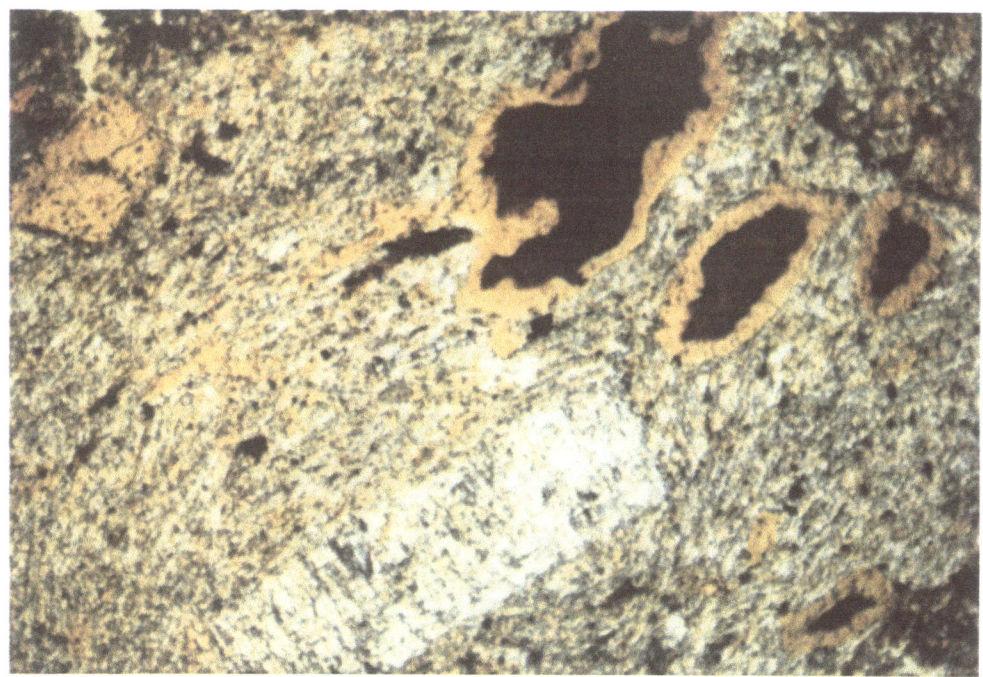

Abb. 29, Vergr. 100x

R D A

In der Gesamtübersicht dominieren Magnetit, Hämatit und 7 Å-Halloysit, dann folgen Sanidin und 10 Å-Halloysit; stark zurücktretend erscheint auch Ilmenit.

Schon in der Fraktion < 20 μ treten die Primärminerale zurück, und 7 Å-Halloysit bzw. 10 Å-Halloysit herrschen vor, weiters finden sich Hämatit und untergeordnet noch Magnetit und Sanidin.

Die Fraktion < 2 μ zeigt grundsätzlich das gleiche Bild, nur tritt hier als neues Sekundärmineral zusätzlich Saponit auf.

Erst in der Fraktion < 1 μ sind sämtliche Primärminerale verschwunden; sonst ergibt sich keine Änderung gegenüber der Fraktion < 2 μ, außer daß 10 Å-Halloysit etwas zurücktritt.

In der Fraktion < 0,2 μ sind nur mehr ganz schwach die Spuren einer einsetzenden Halloysit-Kristallisation zu beobachten.

Horizont 4

Dieser rotlehmartige Horizont scheint allmählich aus dem darunterliegenden, etwas helleren hervorzugehen. Auch dieser Horizont besitzt eine in der Substanz dichte Grundmasse, die aber von zahlreichen kleinen Poren durchsetzt ist. Als porphyrische Einsprenglinge sind noch immer 4–5 mm große goldbraun glänzende Olivinreste und kleine rötliche Pyroxenkörner zu erkennen.

Das Dünnschliffbild zeigt ebenfalls eine dichte Grundmasse mit kleinen, meist gerundeten Schlackentrümmern und größeren Einsprenglingen von Einzelkristallen. Untergeordnet finden sich Aggregate mit fluidal eingeregelten Sanidinkristallen. In diesen Aggregaten erscheinen ovale Blasenräume, die sowohl leer als auch mit hellbraunen schichtig strukturierten Substanzen gefüllt sein können. Pyroxen- und Olivinkristalle zeigen wieder die charakteristischen Unterschiede in der Verwitterungsstabilität. Die Pyroxene sind in der Substanz unverändert, lediglich Korrosionserscheinungen treten auf, wobei in schlauchartigen Einbuchtungen die Grundmasse in den Kristall eindringt. Die Olivine dagegen sind oft intensiv zerstört. Dabei finden sich rote Fe-Oxide in den ehemaligen Spaltrissen angereichert; davon ausgehend erscheinen flächenhaft braune Fe-Oxide (Abb. 30).

Daneben treten relativ häufig Pseudomorphosen auf, die im gegenwärtigen Zustand nur mehr aus Fe-Oxiden bestehen. Sie zeigen einen opaken Kern und einen dünnen opaken Saum. Senkrecht zur Längserstreckung des Kristalls treten die opaken Sub-

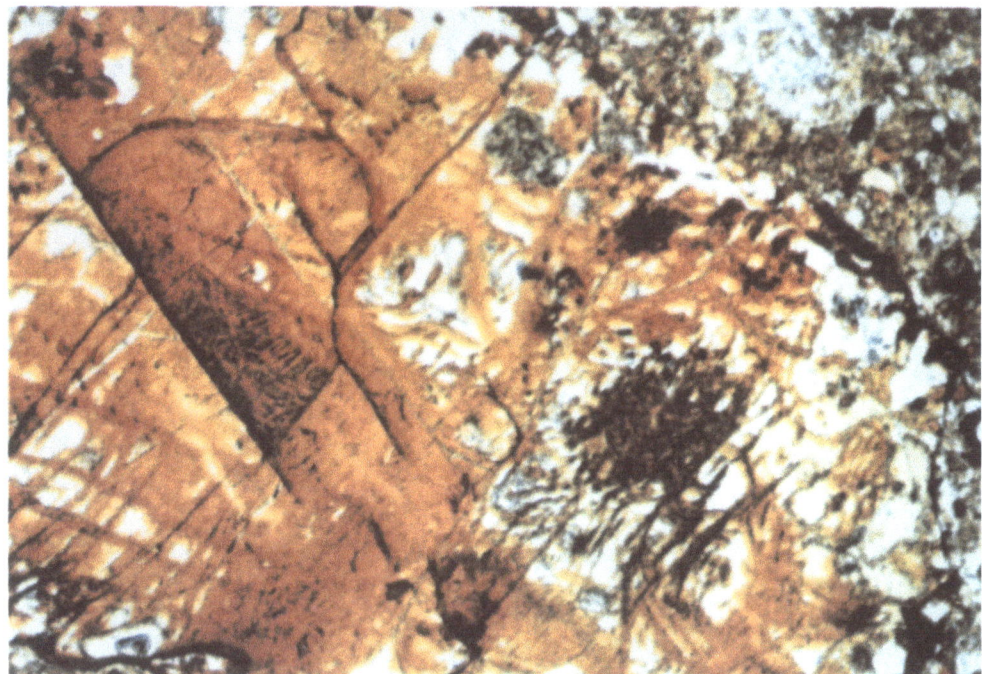

Abb. 30, Vergr. 100x

stanzen auch in den ehemaligen Spaltrissen auf. Von diesen ausgehend finden sich zahlreiche rötliche Hämatitflitter. Möglicherweise liegen hier die Verwitterungsreste einer älteren Pyroxengeneration vor, bei der infolge von Entmischungsvorgängen nur mehr skelettartige Reste aus Fe-Oxiden übriggeblieben sind.

RDA

In der Gesamtübersicht zeigen sich etwa in gleicher Menge das Primärmineral Magnetit sowie die Neubildungen Hämatit und 7 Å-Halloysit.

In der Fraktion < 20 µ ist der Magnetitgehalt bereits etwas zurückgegangen und es erscheint auch 10 Å-Halloysit.

Die Fraktion < 2 µ bringt eine weitere Abnahme an Magnetit und in Spuren tritt als Neubildung Saponit auf.

In der Fraktion < 1 µ finden sich lediglich geringe Mengen von 7 Å-Halloysit und Hämatit.

Die Fraktion < 0,2 µ zeigt nur mehr Ansätze zur Kristallisation von 7 Å-Halloysit.

REM

Abb. 31 zeigt einen aufgebrochenen kreisrunden Blasenraum mit wellig strukturierter bis genoppter Innenwand. Die Analyse der Umgebung des Hohlraumes ergibt folgende Zusammensetzung: vorherrschend Fe und Si, gefolgt von Al, Ti und K, in geringeren Mengen Mg. Die Aggregate, die hier als Hohlraumfüllung auftreten, zeigen dagegen eine etwas abgeänderte Zusammensetzung: wieder dominiert Fe, aber dann folgt Ti, weiters Si, Al und untergeordnet K; Mg erscheint nicht mehr.

An einigen Stellen bilden sich als Aufwachsungen auf strukturierten Krustenteilen Zapfen und Röhrchen als Ansätze zur Halloysitkristallisation.

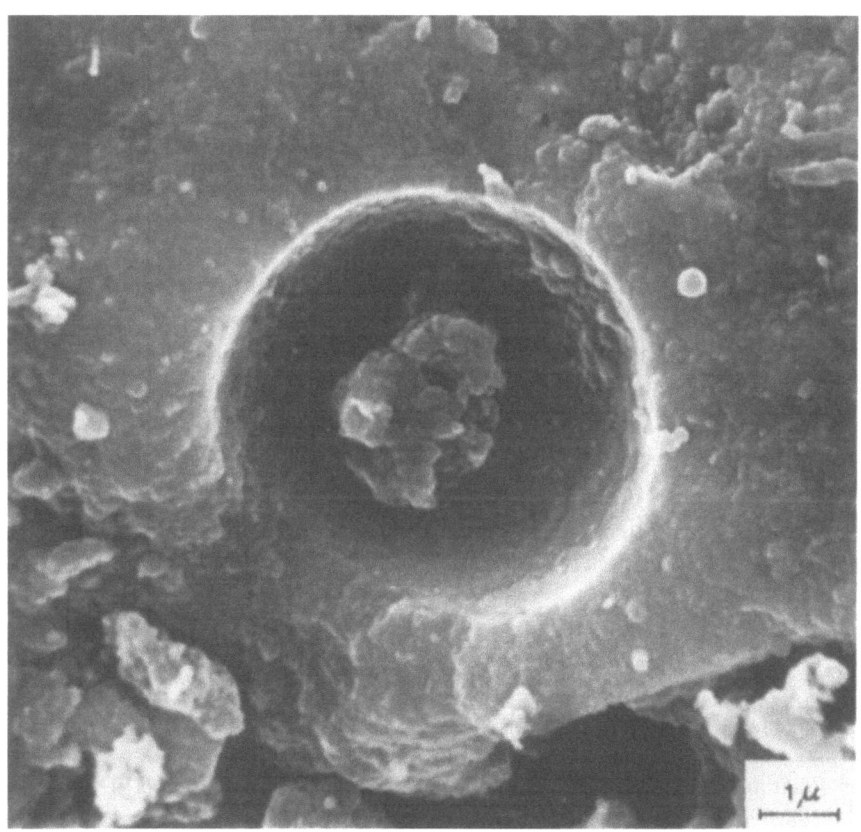

Abb. 31, Vergr. 10k

Horizont 2

Dieser Horizont bildet eine gut geschichtete, wellig strukturierte, rotlehmartige Schicht, die offenbar in ihre jetzige Position aus höheren Lagen eingeglitten ist (siehe S. 18).

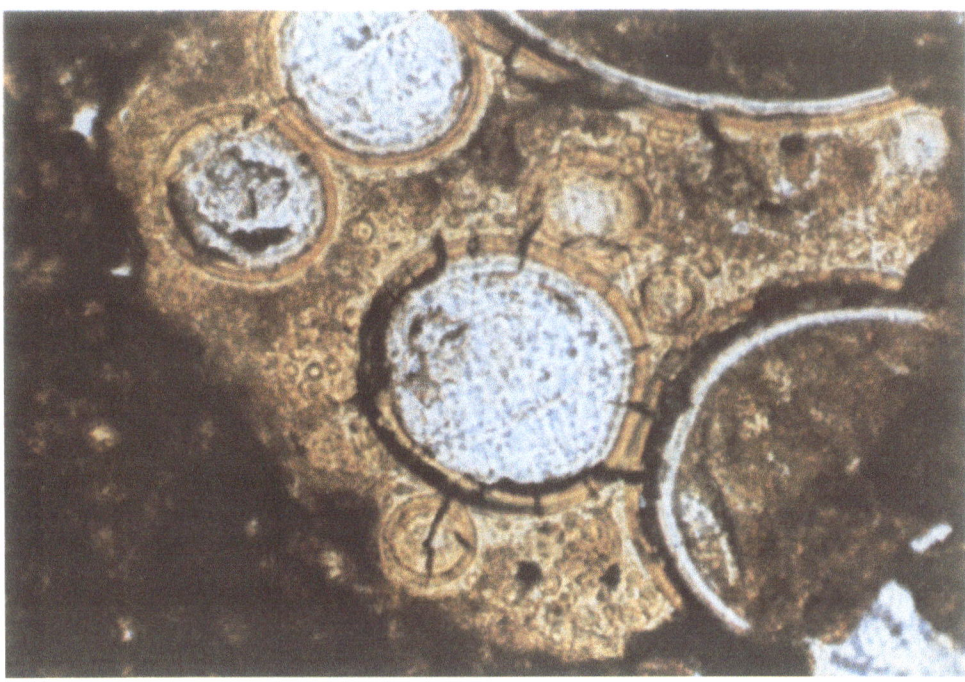

Abb. 32, Vergr. 250x

In der dichten, von Poren durchsetzten Grundmasse finden sich zahlreiche Einsprenglinge, vor allem Olivin, der eine Korngröße von 7–8 mm erreichen kann. Daneben treten auch wesentlich kleinere Magnetitkörner auf.

Der Dünnschliff zeigt eine dichte Grundmasse mit Einschlüssen von gerundeten Schlackenkomponenten und Einzelkristallen. Die hohlraumreichen Schlacken sind durchwegs stark zersetzt (Abb. 32), die Blasenräume führen randliche Auskleidungen aus zwei Schichten: direkt an der Wand eine hellbraune und daran angelagert, scharf abgegrenzt, eine farblose mit radialfasriger Struktur senkrecht zur Wand – Chalzedon. Olivin und Pyroxen zeigen wieder charakteristische Verwitterungsunterschiede. Beim Diopsid ist lediglich eine ganz dünne braune Fe-Oxid-Kruste festzustellen, während Olivin oft stark aufgefasert und völlig mit braunen und roten Fe-Oxiden durchsetzt erscheint. Sowohl als Einschlüsse im Olivin als auch als Einzelkristalle in der Grundmasse treten idiomorphe Magnetitkörner auf.

RDA

In der Gesamtübersicht erscheinen von den Primärmineralen nur Magnetit und in gleicher Menge bereits die Neubildungen Hämatit und 7 Å-Halloysit; untergeordnet auch 10 Å-Halloysit.

Die Fraktion < 20 µ zeigt das gleiche Bild.

In der Fraktion < 2 µ tritt der Magnetit zurück und es erscheint Saponit als neugebildetes Mineral.

In der Fraktion < 1 µ ist Magnetit völlig verschwunden, Hämatit und 10 Å-Halloysit haben mengenmäßig abgenommen.

Die Fraktion < 0,2 µ schließlich zeigt nur mehr einen geringen Gehalt an 7 Å-Halloysit und 10 Å-Halloysit.

REM

Es finden sich zahlreiche Neubildungen, die schon in einer früheren Arbeit beschrieben wurden (B. SCHWAIGHOFER, 1974). Es handelt sich um stark verästelte Formen, die aus kugel- bzw. linsenförmigen Einzelteilen bestehen. Nach der EDAX-Analyse dominieren hier Si und Al, untergeordnet erscheinen noch Fe und Ti.

Horizont 1

Dieser Horizont befindet sich nicht mehr in unmittelbarem Zusammenhang mit dem bisher beschriebenen Profil, sondern erscheint am gegenüberliegenden Hang in höherer Position; er stellt die jüngste Schicht dar.

Es handelt sich um einen dichten, braunen Horizont, in dem mit freiem Auge mürbe, stark verwitterte Schlackenkomponenten und 6–7 mm große schwarze Pyroxene zu erkennen sind.

Auch das Dünnschliffbild zeigt in der Grundmasse zahlreiche Schlackeneinschlüsse mit unterschiedlichem Zersetzungsgrad. Darunter finden sich noch relativ gut erhaltene Komponenten, deren Blasenräume kaum Neubildungen führen (Abb. 33).

Die eingeschlossenen Pyroxene sind völlig frisch. Die Pyroxen-Einzelkristalle in der Grundmasse liegen idiomorph oder als kantige Bruchstücke vor und zeigen überwiegend braune Fe-Oxid-Krusten. Magnetit erscheint als Einsprengling sowohl in den Pyroxenen als auch in der Grundmasse.

Olivin läßt sich mit Sicherheit nicht feststellen. In der Grundmasse treten lediglich rotbraune Einschlüsse ohne scharfe Begrenzung auf, die offenbar die letzten Reste dieses Minerals darstellen, bevor es diffus in der Grundmasse verschwindet (Abb. 34).

RDA

Die Röntgendiffraktometer-Analysen dieses Horizonts zeigen eine relativ eintönige Zusammensetzung, da ausschließlich Magnetit, der mit abnehmender Korngröße immer spärlicher wird, und 10 Å-Halloysit, der mengenmäßig von der Gesamtübersicht bis zur Fraktion < 2 μ konstant bleibt, festzustellen sind.

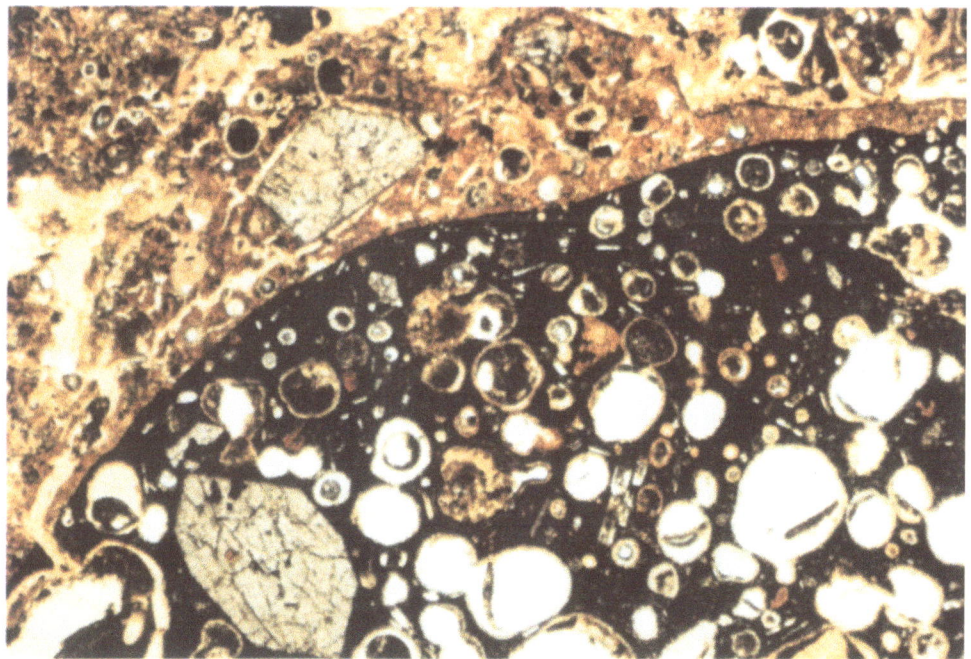

Abb. 33, Vergr. 25x

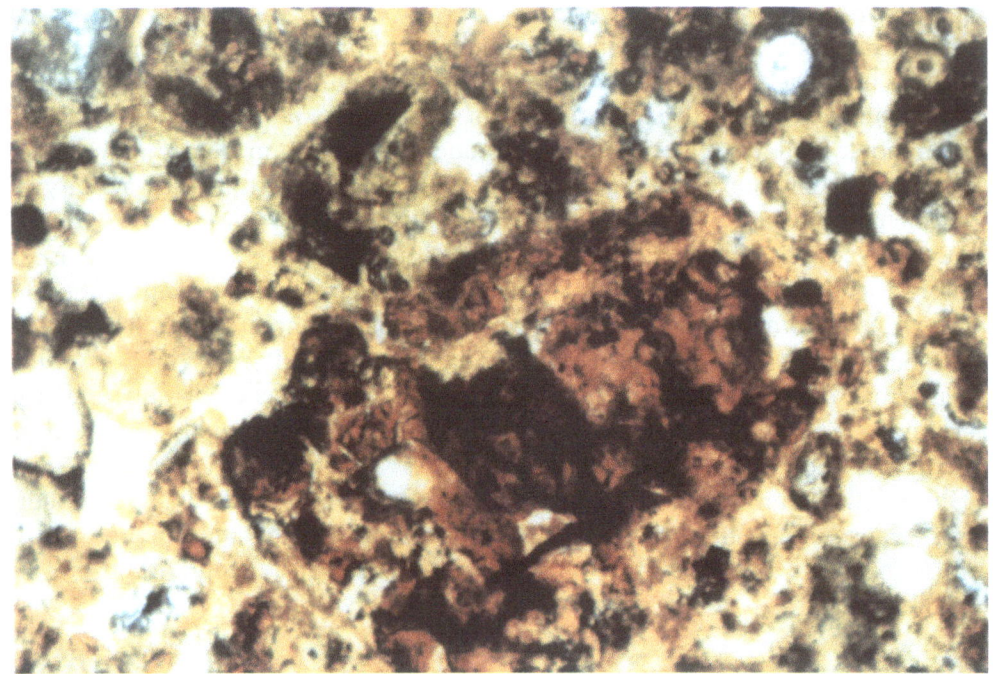

Abb. 34, Vergr. 100x

R E M

Die Aufnahmen am Rasterelektronenmikroskop zeigen auch im Kleinbereich ein stark krümeliges Gefüge. Wesentliche Neubildungen bzw. auffallende Struktureigenheiten dieses Horizonts waren nicht festzustellen.

CHEMISMUS

Diagramme I und II

DIAGRAMM I

DIAGRAMM II

Die Interpretation der chemischen Analysen muß insofern mit einer gewissen Unsicherheit behaftet bleiben, als es sich hier um keine ungestörte Verwitterungssequenz handelt. Einerseits sind – wie an anderer Stelle noch genau erläutert wird (siehe S. 74) – in dem Gesamtprofil eine Reihe von Eruptionsphasen zu unterscheiden, wobei auch dadurch eine gegenseitige chemische Beeinflussung wahrscheinlich ist, und andererseits müssen im Profil sogar Gleitvorgänge angenommen werden (siehe S. 18), sodaß im vorliegenden Zustand Horizonte übereinander liegen, die keine genetische Beziehung zueinander haben.

Interpretation

Horizont 9

Im Gegensatz zu sämtlichen anderen analysierten Bestandteilen ergibt sich in diesem Horizont, der den höchsten pH-Wert des gesamten Profils aufweist, für Mg_{HCl} die stärkste Löslichkeit, während sie für Fe_{Dith}, Al_{NaOH} und Mn_{Dith} am niedrigsten ist und auch für Si_{NaOH} nur einen geringen Wert zeigt. Dieses Analysenergebnis bestätigt die bereits am Licht- wie am Elektronenmikroskop gemachten Beobachtungen (siehe S. 21). Sowohl bei den Olivin- als auch bei den Pyroxenporphyroblasten konnte festgestellt werden, daß die Fe-Oxide bereits wieder auskristallisiert sind, und zwar entweder in Form von dünnen Krusten oder als fadenförmige Verästelungen innerhalb des Korns. Durch die EDAX-Analyse ergab sich, daß z. B. in den besonders stark aufgelösten Einsprenglingen das Mg vollständig abgeführt worden ist. Dieser starke Gegensatz in der Löslichkeit zwischen Fe und Mg kommt auch im Diagramm gut zum Ausdruck. Für die Kieselsäure ergibt sich im vorliegenden Horizont eine geringe Löslichkeit. Allerdings zeigen die zahlreichen Neubildungen, daß zumindest zeitweilig für Si eine hohe Mobilität bestanden haben muß. Nur so sind die charakteristischen Chalzedon-Büschel in den Hohlräumen und am Rand der Schlackenkomponenten zu erklären. Aber auch in vielen Verkrustungen (siehe Abb. 6: möglicherweise stark verkrustete feinste Pflanzenwurzeln oder Myzel) dominiert Si eindeutig.

Horizont 3

Diese Schicht bildete ursprünglich den Verwitterungshorizont zu 9. Heute befindet sie sich in einer anderen Position (zwischen den beiden Horizonten 2), sodaß hier auf jeden Fall mit einem mehrfachen Wechsel der Milieubedingungen gerechnet werden muß. Das nun vorliegende Verwitterungsstadium ist ein Produkt dieser Vorgänge, wobei aber eine zeitliche Einstufung nicht mehr möglich ist. Auch kann nicht mehr festgestellt werden, ob der Schwerpunkt der verwitterungsbedingten Umwandlungen in der ursprünglichen Position (über Horizont 9) oder in der jetzigen anzunehmen ist. Obwohl sicher die klimatischen Einflüsse über einen langen Zeitraum das Profil in seiner heutigen Form geprägt haben, treten doch die genetischen Beziehungen dieses Horizonts zum ursprünglichen Ausgangsmaterial noch immer deutlich zutage. Abgesehen von der engen mineralogischen Verwandtschaft zeigt sich das auch darin, daß der Horizont 3 sowohl hinsichtlich des pH-Werts als auch bei sämtlichen Analysen deutlich aus seiner Umgebung herausfällt (siehe Kurvendarstellung).

Prinzipiell sind in diesem Horizont mehrere Generationen von Neubildungen zu unterscheiden. Zu einer sehr frühen gehört auf jeden Fall der Chabasit (Abb. 9), dessen Entstehungsbedingungen aber noch nicht völlig geklärt sind. Nach W. E. TRÖGER (1967) stellt er eine autohydrothermale Bildung in Drusen oder Klüften basaltischer Gesteine dar. Von G. P. L. WALKER (1951) wird aber auch eine Entstehung durch nichtmagmatische Zersetzungsprozesse (in tertiären Basaltdecken) angenommen. Er führt unterschiedliche Ausbildungsformen auf verschiedene Temperaturbedingungen zurück: bei niedrigen Temperaturen einfacher rhomboedischer Habitus, bei höheren Temperaturen flächenreiche bis tafelige Formen. Wie unsere Abb. 9 zeigt, können aber sogar in einem Hohlraum beide Ausbildungen gemeinsam auftreten.

Sicher jüngere Neubildungen stellen einerseits die mehrschichtigen Verkrustungen der Blasenräume (siehe Abb. 11) als auch die Neukristallisationen aus den Feldspäten dar.

Bezüglich der Entstehung von Saponit (Abb. 12) bestehen ebenfalls noch verschiedene Auffassungen. Von W. E. TRÖGER (1967) wird er als autohydrothermale Bildung aus basischen Vulkaniten beschrieben. Dagegen nimmt W. v. SCHELLMANN (1964), der eine vollständige Verwitterungssequenz über Serpentingesteinen in Borneo untersuchte, an, daß Saponit im Laufe der Verwitterung aus serpentinisiertem Olivin entsteht. D. C. CRAIG (1963) konnte zeigen, daß Olivin auch direkt in Saponit umgewandelt werden kann, ohne das Serpentinstadium zu durchlaufen.

Da bei unseren Untersuchungen weder bei der Röntgendiffraktometrie noch am Elektronenmikroskop Serpentin festgestellt werden konnte, ist auch hier eine direkte Entstehung des Saponits aus Olivin sehr wahrscheinlich.

Horizont 8

Dieser Horizont nimmt im Profil insofern eine Sonderstellung ein, als er bei den meisten der analysierten Ionen eine sehr hohe Löslichkeit zeigt, bei Al sogar die höchste aus der ganzen Abfolge (siehe Diagramm); lediglich für Mg wurde ein relativ niedriger Wert festgestellt. Auffallend ist auch die parallel verlaufende Tendenz von Horizont 9 über 8 zu 7 bei Al, Si, Mn und Fe; nur Mg zeigt eine genau gegenläufige Tendenz. Allerdings ist auch hier zu berücksichtigen, daß diese Angaben keine direkten Beziehungen der einzelnen Horizonte zueinander darstellen, da ja in unserem Profil keine durchgehende Verwitterungssequenz von einem einheitlichen Muttergestein aus vorliegt. Bedingt durch den stockwerksartigen Profilaufbau können demnach immer nur die Horizonte miteinander verglichen werden, die einer Eruptionsphase angehören (z. B. 9 + 3). Zwischen dem Horizont 8 und der liegenden Schicht 9 besteht kein genetischer Zusammenhang, und sicher liegt auch darin der Grund für die stark unterschiedlichen Analysenergebnisse aus diesen beiden Schichten (siehe Diagramm).

Auf Grund seiner intensiven Rotfärbung kommt dem Horizont 8 ein hoher Reifegrad zu. Das zeigt sich auch in der besonders starken Zerlegung der Primärminerale (siehe Abb. 14, 15), wie sie sonst kaum beobachtet wurde. Möglicherweise können die auffallenden Verformungen von Al-Fe-Krusten (siehe Abb. 20) ebenfalls darauf zurückgeführt werden, da sie sonst in keinem Horizont gefunden wurden. Auch die Ausbildung von polsterartigen Überzügen (siehe Abb. 18), die aus Al und Mn bestehen, konnte im Teilprofil A ausschließlich in diesem Horizont beobachtet werden.

Horizont 7

Dieser Horizont ergab bei sämtlichen Analysen mit Ausnahme von Mg eine sehr geringe Löslichkeit, wie sie ja auch auf Grund des guten Erhaltungszustandes des noch relativ frischen Basaltstromes zu erwarten war. Daß Mg hier herausfällt, ist offenbar auf den Olivin zurückzuführen, der selbst in diesem Gestein schon ein fortgeschrittenes Auflösungsstadium erreicht hat.

Wie die EDAX-Analysen zeigen, ist auch aus den Pyroxenen (siehe Abb. 23, 24) das Mg bereits abgeführt worden. Fe wurde ebenfalls mobilisiert, ist allerdings in neugebildeten Aggregaten bereits wieder auskristallisiert (siehe Abb. 23).

Horizont 6

In diesem Horizont findet sich der höchste Gehalt an Fe_{Dith} aus der gesamten Abfolge. Bei der Röntgendiffraktometrie erscheint jedoch Goethit nur in sehr geringen Mengen. Da sich aber bei den Dünnschliffuntersuchungen sowohl in den Hohlräumen der Schlackenkomponenten als auch in den Rissen der Grundmasse sehr häufig braune Substanzen feststellen ließen, kann es sich hier nur um Vorstufen der kristallinen Form handeln.

Die elektronenmikroskopischen Aufnahmen von Hohlraumverkrustungen, in denen Fe nach der EDAX-Analyse ein wichtiger Bestandteil ist, zeigen keine kristallinen Formen, sondern nur dichte Lagen mit unregelmäßigen Bruchflächen (Abb. 26).

Bei diesen Krusten konnte sowohl hier wie auch in anderen Horizonten ein inhomogener Aufbau festgestellt werden, wobei allerdings stets Si das dominierende Element darstellt. Direkt an der Hohlraumwand findet sich dann Fe als zweithäufigste Ausscheidung, während gegen innen zu Al nach Si an zweiter Stelle steht und Fe zurücktritt.

Da sich bei der Röntgenanalyse kein Gibbsit oder andere Al-Oxide feststellen ließen, dürfte es sich bei den Al-reichen Krustenschichten um Vorstufen zu kristallinen Formen handeln. Bei der Kieselsäure könnte dagegen die Kristallisation schon weiter fortgeschritten sein, da sich bei den RDA-Aufnahmen der Fraktion < 0,2 µ Spuren von Cristobalit und möglicherweise auch Tridymit (?) fanden. Daß sowohl der α-Cristobalit (bei normaler Temperatur gebildet) als auch der β-Cristobalit (bei höheren Temperaturen) in Böden vorkommen kann, erwähnen F. SCHEFFER und P. SCHACHTSCHABEL (1973).

Horizont 5

Zwischen Horizont 5 und der liegenden Schicht 6 zeigen die Analysenkurven eine auffallende Korrelation bei Al, Si und Fe, indem die Löslichkeitswerte von 6 zu 5 stark abnehmen, sowie bei Mn und Mg, wo sie zunehmen.

Auch hier allerdings dürften diese Unterschiede primär auf die verschiedene Zusammensetzung der Ausgangsgesteine zurückgehen und nur sekundär auf Verwitterungseinflüsse. Zwar besteht hinsichtlich des Gefüges und einiger Hauptbestandteile (Pyroxen, Olivin) eine gewisse Übereinstimmung, im liegenden Horizont fehlen jedoch die Kalifeldspäte, die in 5 zu den wichtigsten Gemengteilen zählen; auch Ilmenit erscheint nur in diesem Horizont. Es ist nicht anzunehmen, daß in 6 ursprünglich Feldspäte vorhanden waren, die im Laufe der Verwitterung zerstört wurden; alle Untersuchungen ergaben nämlich, daß Olivin und Pyroxen wesentlich rascher der verwitterungsbedingten Auflösung unterliegen als die Feldspäte.

Horizont 4

Ein auffallender Gegensatz zwischen diesem Horizont und dem darunterliegenden 5 ist der Farbunterschied: 5 braun, 4 rot. Während nun auch die chemische Analyse eine starke Zunahme des Fe_{Dith} von 5 zu 4 zeigt, ergab die Röntgendiffraktometrie für Hämatit in beiden Horizonten etwa die gleichen Werte. Demnach wird im Horizont 4 überwiegend rotbraunes amorphes Fe(III)-Hydroxid vorliegen, wie es bei schneller und weitgehender Hydrolyse entstehen kann (U. SCHWERTMANN, 1959). Die Entwässerung zum Hämatit ist dagegen noch nicht weiter fortgeschritten als im darunterliegenden Horizont 5.

Bezüglich der besonders starken Anreicherung von Mn_{Dith}, für das hier die höchsten Werte aus der gesamten Abfolge gefunden wurden, ergaben sich weder aus den lichtoptischen noch aus den elektronenmikroskopischen Untersuchungen weitere Hinweise.

Horizont 2

Durch die Geländebeobachtungen wurde festgestellt, daß dieser Horizont eindeutig aus höheren Lagen in seine heutige Position eingeglitten ist (siehe S. 18). Das heißt, daß auch hier kein genetischer Zusammenhang mit den liegenden Schichten besteht. Das gleiche gilt für den hangenden Horizont 3, der sich ebenfalls nicht in seiner ursprünglichen Lage befindet und dessen Zugehörigkeit zu 9 schon an anderer Stelle diskutiert wurde (siehe S. 48). Daraus sind die starken Unterschiede zu erklären, die sich bei den chemischen Analysen in der Horizontabfolge 2-3-2 vor allem für Fe_{Dith} und Si ergaben.

Horizont 1

Das auffallendste Ergebnis der Analysen aus diesem Horizont ist die starke Differenz zwischen Fe_{Dith} und amorphen Fe-Oxiden (siehe Diagramm). Während die Kurve für das oxalatlösliche Fe in sämtlichen anderen Horizonten die gleiche Tendenz zeigt wie die Kurve für Fe_{Dith} (wenngleich in abgeschwächter Form – was ja zu erwarten war), tritt bei 1 genau das Gegenteil auf. Das bedeutet, daß in diesem intensiv gelbbraun gefärbten Horizont mehr als die Hälfte des Fe_{Dith} aus amorphen Fe-Oxiden besteht. Auch bei der Röntgendiffraktometrie konnte ausschließlich Magnetit als kristalline Form festgestellt werden.

Das Verhältnis der kristallinen zu den amorphen Fe-Oxiden steht offenbar direkt in Beziehung zu dem hier stark sauren pH-Wert, da auch der übrige Kurvenverlauf zeigt, daß die Menge des oxalatlöslichen Fe immer dann ansteigt, wenn der pH-Wert sinkt. Der hohe Gehalt an amorphen Fe-Oxiden geht in diesem Horizont wahrscheinlich ausschließlich auf den Olivin zurück (siehe auch S. 45), da die Pyroxene noch sehr frisch sind, die Olivine dagegen ein so extremes Auflösungsstadium erreicht haben, daß sie in der Grundmasse kaum mehr zu erkennen sind. Bemerkenswert ist, daß trotz dieser starken Auflösung des Olivins kein Saponit gebildet wurde. Möglicherweise ist aber auch dieses Mineral bereits instabil geworden, indem Mg und Si ebenfalls weggelöst wurden (F. C. LOUGHNAN, 1969).

Im übrigen macht sich im Horizont 1 auch bei sämtlichen anderen Analysen ein Ansteigen bemerkbar, allerdings wird nur noch bei Si ein Extremwert erzielt.

Teilprofil B

Am gegenüberliegenden Westrand der Senke von Erjos ist ebenfalls durch Erdabbau-Arbeiten ein weiteres Verwitterungsprofil aufgeschlossen (Abb. 35). Die Gesamthöhe der Abbauwand beträgt etwa 10 m. Am Nordrand wird das Profil von einem Bacheinschnitt begrenzt. Als Folge der fortschreitenden Bacherosion dürfte es innerhalb des Verwitterungsprofils zu Abgleitungen gekommen sein, da die nördliche Profilabfolge gegenüber der südlichen offenbar etwas abgesessen ist.

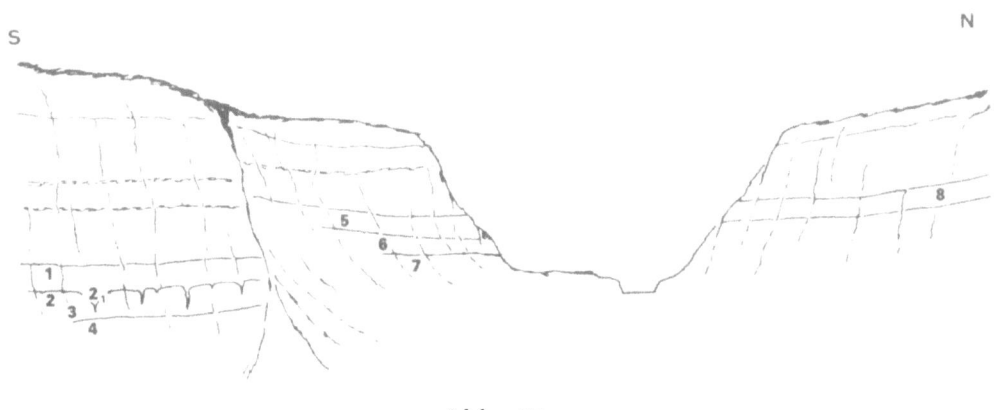

Abb. 35

Zur Überlagerung mit den hier 4–5 m mächtigen hellen, homogenen Tuffschichten ist es erst nach den Gleitvorgängen gekommen, da der Tuffhorizont völlig ungestört über den Gleitvorgängen liegt.

Im Liegenden des Tuffs erscheint eine kolluviale Abfolge, mit zum Teil grobblockigen Lagen und einzelnen dünnen Rotlehmschichten. Auffallend sind zwei helle sehr geringmächtige Lagen, die horizontbeständig das Kolluvium durchziehen. Zwischen den kolluvialen Verfrachtungen dürfte es demnach mehrmals zur Sedimentation feiner Tuffschichten gekommen sein.

Erst unterhalb des Kolluviums liegt das eigentliche Verwitterungsprofil, in dem hier mittel- bis dunkelbraune Farben überwiegen. Im südlichen, nicht von Gleitvorgängen beeinflußten Teil liegt über dem Muttergestein (4) eine alte Bodenbildung, bei der sich ein liegender, dichter Horizont (3) und ein hangender, von Spaltrissen durchzogener (2) unterscheiden lassen. Diese Spaltrisse sind mit altem Bodenmaterial (2_1) gefüllt. Darüber folgt als hangendste Schicht ein heller, gelblichweißer Phonolithtuff-Horizont (1), in dem bereits mit freiem Auge eine auffallende Sanidinanreicherung zu erkennen ist.

Im nördlichen, abgeglittenen Teil beginnt das Profil mit einem braunen, stark gefleckten Horizont (7); darüber liegt ein Übergangshorizont (6) und schließlich ein gelbbrauner, gefleckter, offenbar hydromorph beeinflußter Horizont (5).

Möglicherweise erscheint der gleiche gelbbraune Horizont noch einmal nördlich des Bacheinschnittes (8); dort ebenfalls unter Kolluvien und hellen Tuffschichten, die jetzt aber nicht mehr homogen, sondern polymikt aufgebaut sind.

Damit ergeben sich für das Profil B von E r j o s unterhalb der Tuffüberlagerung folgende Teilabfolgen:

Horizont	Farbe an der Fließgrenze	
1	7,5 YR 5/6	stark braun
2₁	2,5 YR 3/4	dunkel rötlichbraun
2	5 YR 3/4	dunkel rötlichbraun
3	5 YR 3/4	dunkel rötlichbraun
4	5 YR 3/4	dunkel rötlichbraun
5	7,5 YR 5/6	stark braun
6	7,5 YR 4/4	braun bis dunkelbraun
7	10 YR 3/3 (Mischfarbe)	dunkelbraun
8	7,5 YR 5/6 (Mischfarbe)	dunkelbraun

Mineralogie, Petrographie

Die folgende Beschreibung der einzelnen Horizonte entspricht der zeitlichen Reihenfolge:

Horizont 4

Rötlichbrauner, überwiegend mürber, zum Teil bereits erdiger Schlackentuff; stellenweise sind die einzelnen Schlackenkomponenten noch zu erkennen. Ehemalige Hohlräume sind mit hellen, ockerfarbenen Substanzen gefüllt.

Erst im Dünnschliff lassen sich neben den unterschiedlich zersetzten Schlackentrümmern in der Grundmasse auch Einzelkristalle feststellen: es finden sich skelettartige Reste von Olivin, dunkelrote Pseudomorphosen nach Pyroxen und Magnetit in Form von Oktaedern und Kristallskeletten (Abb. 36).

Weiters finden sich unregelmäßig begrenzte, abgerundete Einschlüsse, bei denen es sich offenbar um bereits zersetzte Glaspartikel handelt (Abb. 37)

Kennzeichnend dafür sind dunkelbraune Entglasungs-Mikrolithen, die als gewundene und stark verästelte Bildungen diese Komponenten durchziehen. Auffallend ist, daß das Glas selbst in der Umgebung der Mikrolithen deutlich schwächer gefärbt ist, d. h. daß die Fe-Oxide, die ursprünglich gleichmäßig im Glas verteilt waren und es einheitlich braun gefärbt haben, durch den Vorgang der Entglasung in den charakteristischen verästelten Formen konzentriert wurden. Daneben finden sich noch weitere bemerkenswerte Einschlüsse, bei denen es sich um ehemalige Leuzitkristalle handeln dürfte. Sie erscheinen als völlig unregelmäßig begrenzte Komponenten mit einem oft stark ausgebuchteten braunen Saum, an den sich nach innen zu die für Leuzite kennzeichnenden „Schlackenkränzchen" anlagern. Vom Primärmineral selbst, in dem diese Schlackenkränzchen stecken, ist nur mehr eine schmale Rinde erhalten, das übrige ist weggelöst. Diese Bildungen stellen Einschlußtröpfchen dar, die aus Gesteinsglas und aus Mikrolithen der Mafite entstanden sind. An anderen Stellen dürfte es zu einer Umwandlung des Leuzits in Serizit gekommen sein. Vereinzelt finden sich nämlich farblose Schichtsilikate, die randlich besonders stark aufgefächert sind, d. h. daß diese Glimmer bereits selbst wieder eine Veränderung durch Aufweitung des Schichtgitters und OH-Ionen-Einbau erlitten haben. Daß Leuzit vollständig in Serizit umgewandelt werden kann, wurde schon von F. H. NORTON (1941) nachgewiesen, der diesen Umbau auf den Einfluß von sauren, kohlendioxidreichen Hydrothermalwässern zurückführen konnte.

Als weitere Einschlüsse in der Grundmasse lassen sich besonders gut gerundete und intensiv durchgaste Schlackentrümmer feststellen. Die zahlreichen Hohlräume dieser

Abb. 36, Vergr. 100x

Komponenten, die meist miteinander verbunden sind, sodaß nur mehr ein Gerüst der primären, glasigen Schlacken erhalten ist, sind durchwegs mit Sekundärmineralen gefüllt, und zwar mit deutlich radialstrahlig aufgebautem Chalzedon (Abb. 38). Dieser ist offenbar in mehreren Schichten auskristallisiert, wobei die äußeren, wandnahen Lagen hellbraun gefärbt sind, sodaß diese Lagen noch Fe-Oxide aus der glasigen Schlackensubstanz bezogen haben.

Einige Hohlräume in der Grundmasse sind mit rhythmisch abgesetzten Fe-Oxiden und Tonsubstanzen gefüllt (Einschlämmungen aus höheren Niveaus), wobei die

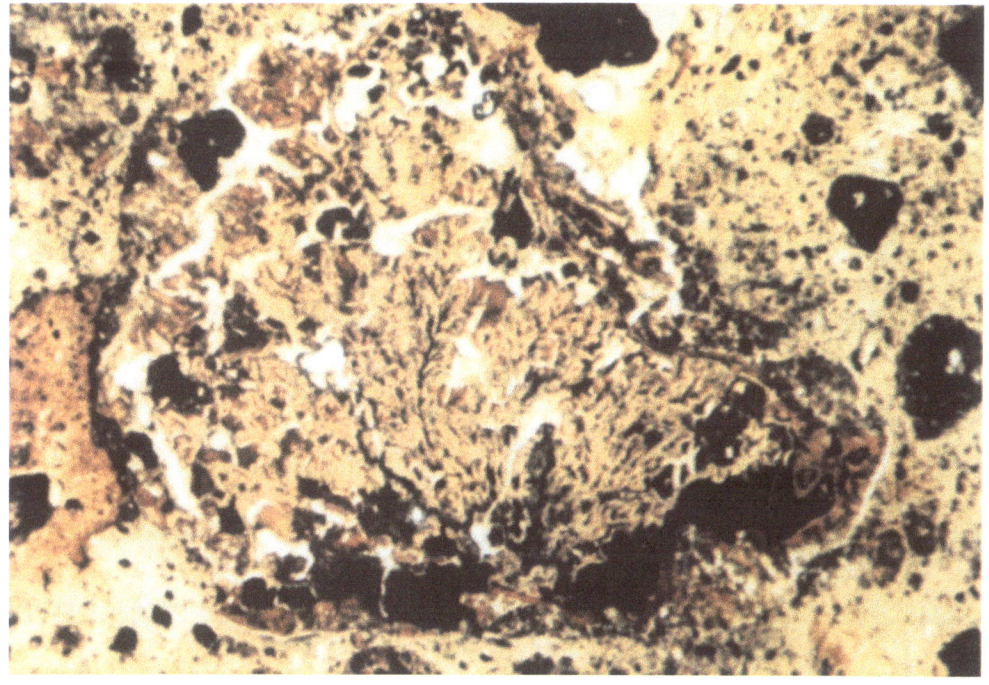

Abb. 37, Vergr. 32x

helleren Partien stets noch deutlich isotrop sind. Infolge von Eintrocknungsvorgängen sind diese Hohlraumfüllungen meist von zahlreichen Rissen durchzogen.

RDA

In der Übersichtsaufnahme erscheint als Hauptgemengteil 10 Å-Halloysit, gefolgt von Magnetit. Etwa in gleichen Mengen finden sich Sanidin, 7 Å-Halloysit und Hämatit; nur in Spuren treten noch Diopsid und Olivin auf.

Auch in der Fraktion < 20 μ dominiert 10 Å-Halloysit; dann folgt Sanidin; Magnetit, Hämatit und 7 Å-Halloysit treten etwas zurück.

TABELLE II

Horizont	Gesamtübersicht	Fraktion <20μ	<2μ	<1μ	<0,2μ
1	▲▲▲ ●●●●	▲ ●●●●	●●●● ○	●● ○	
2₁	■ □ ▲▲ ●●●● ○	■ □ ▲▲▲ ●●●● ○○	●●●● ○○		
2	■■ □□ ▲▲▲▲ ●●●● ◁	■ □□ ▲▲ ● ○○○○ ◁	□□ ▲▲ ●● ○○○	□□ ● ○○○	● ○○○ ◁
3	■■■■ □□ ▲▲ ●●●● ○▗	■ □ ▲▲▲ ●●●● ○○○○	●●●● ○○		
4	■■■ □□ ▲▲ ●●●● ○○ ▗	■ □ ▲▲ ●●●● ○	■ ●●●● ○○○		
5	■ ▲ ○○○○ ◇	■ ▲ ●● ○○○ ◇◇	▲ ● ○○○○ ◇	○○○○ ◇	○ △
6	■■■ ▲▲ ●●●● ○○○○ ◇	■ ▲▲▲ ●● ○○○ ◇	▲ ●● ○○○○ ◇ ◁	● ○○○○ ◇ ◁	● ○○○○ ◁
7	■■■■ □□□□ ▲ ●●● ○○○ ◇	■■■■ □□□□ ▲ ●● ○○○	■ □□ ▲ ●●● ○○○ ◁	□□ ●● ○○○○ ◁	● ○ ◁
8	■■ ● ○○○○	● ○○○○	○○○○ ◇		

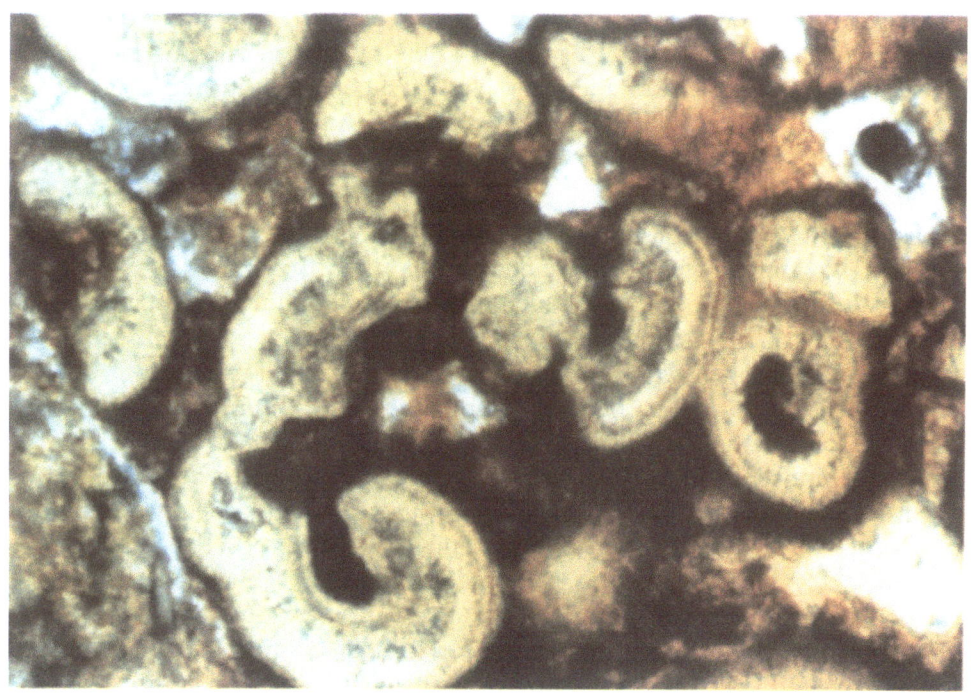

Abb. 38, Vergr. 250x

In der Fraktion < 2 μ herrschen eindeutig die Neubildungen 10 Å- und 7 Å-Halloysit vor; stark untergeordnet findet sich noch Magnetit.

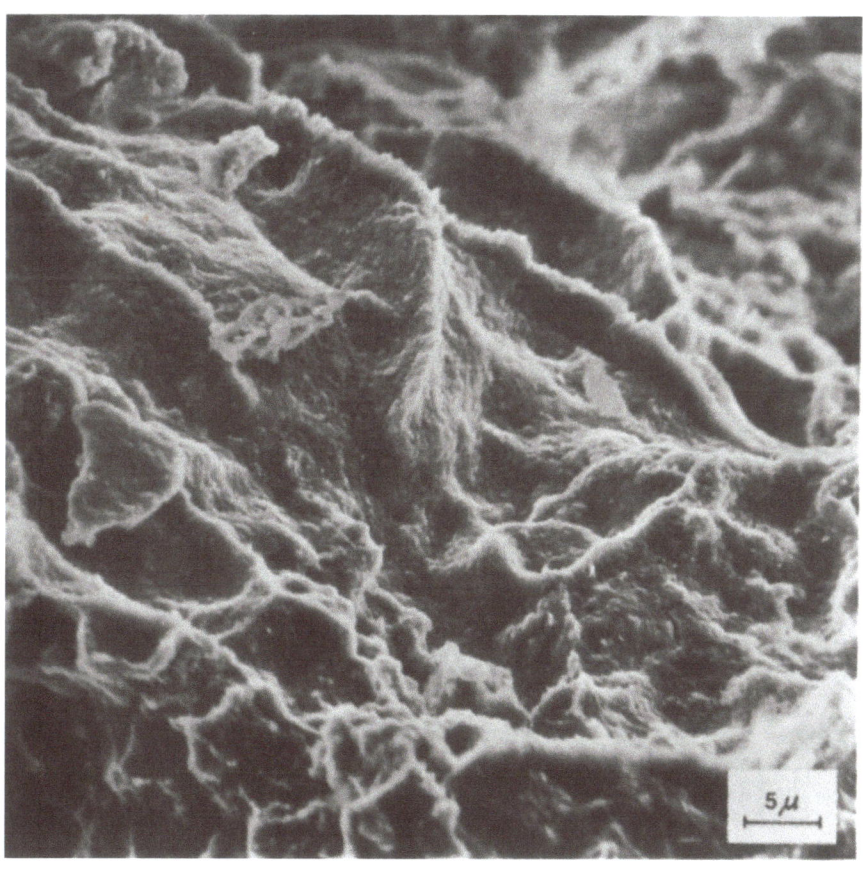

Abb. 39, Vergr. 2k

REM

Abb. 39 zeigt eine typische Krustenoberfläche, wie sie in diesem Horizont immer wieder zu beobachten ist. Auffallend ist das starke Relief, aus dem sich zum Teil scharfe, kammartige Grate entwickeln. Die EDAX-Analyse ergibt eine Zusammensetzung aus fast ausschließlich Al und Si.

Horizont 3

Dieser Horizont bildet die untere Schicht der alten Bodenbildung über dem Ausgangsmaterial (Horizont 4), in der es noch nicht zur Ausbildung von Spalten wie in den darüberliegenden Partien gekommen ist.

In der rötlichbraunen, von Poren durchsetzten Grundmasse sind mit freiem Auge noch deutlich bis 5 mm große Olivineinsprenglinge und 1–2 mm große Magnetitwürfel zu erkennen. Die ehemaligen Blasenräume erscheinen vollständig gefüllt.

Erst im Dünnschliffbild ist zu erkennen, wie weit die Verwitterung der Olivinkristalle fortgeschritten ist (Abb. 40): die ehemaligen Kristallflächen werden von einem Kranz brauner Fe-Oxide nachgezeichnet, dann folgt gegen das Kristallinnere zu eine stark entmischte, hellgelbliche bis farblose Partie und schließlich eine gegen das Zentrum zu immer intensiver gefärbte Substanz mit einem dunkelbraunen Kern. Wie Abb. 41 zeigt, ist es zur völligen Umkristallisation der ursprünglichen Olivinsubstanz gekommen, wobei Fe-Oxide und Tonminerale neugebildet wurden. Vor allem bei den Fe-Oxiden ist infolge der unterschiedlichen Farbintensitäten eine rhythmische Ausscheidungsfolge zu beobachten.

Diese Erscheinungen finden sich in diesem Horizont sehr häufig, doch ist nicht immer klar zu entscheiden, ob es sich dabei um Pseudomorphosen oder um Füllungen primär vorhandener Hohlräume handelt. Sicher ist, daß es zu mehrmaligen Veränderungen der Milieubedingungen gekommen sein muß, damit sich diese charakteristischen rhythmischen Kristallisationsabfolgen einstellen konnten. Offenbar sind aber in diesem Horizont unterschiedliche Entwicklungsstadien abgebildet, was darauf hinweist, daß für diese Entwicklung vor allem das Milieu im Kleinbereich entscheidend ist.

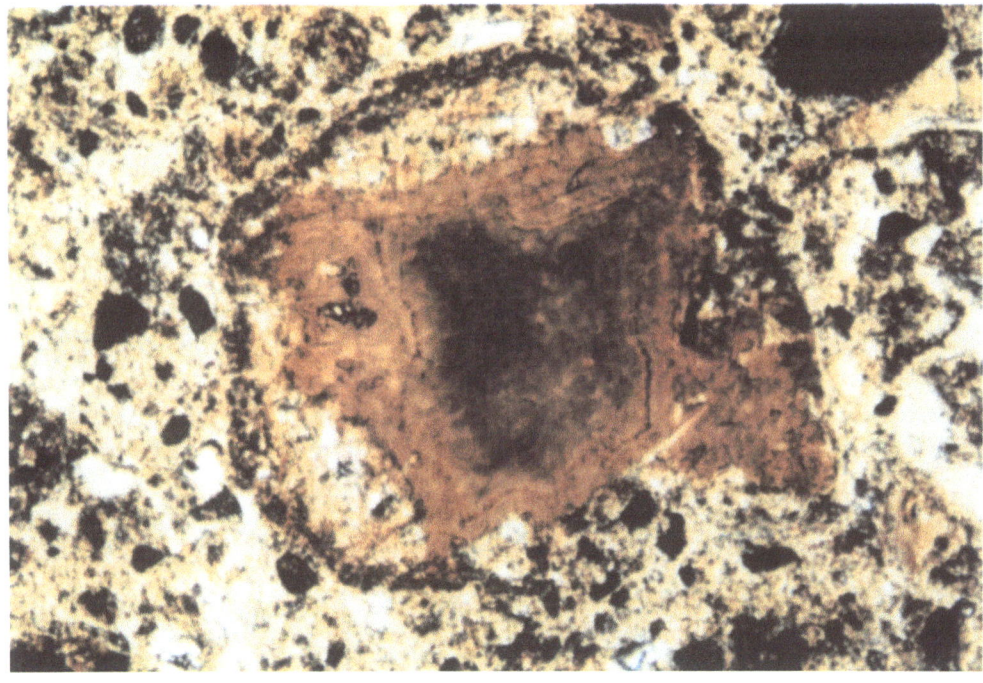

Abb. 40, Vergr. 130x

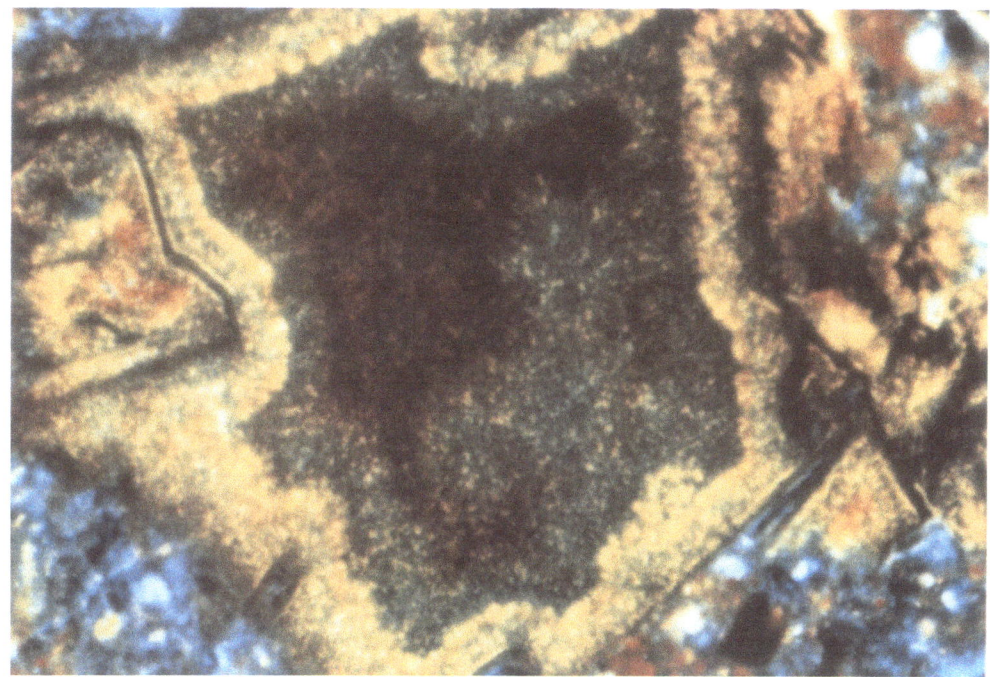

Abb. 41, Vergr. 250x

So findet sich in einigen Hohlräumen folgende typische Kristallisationsreihenfolge: 1. dunkelrotbraune Lage mit Fe-Oxiden; 2. hellbraune, z. T. faserige Schicht – Tonminerale mit Fe-Oxiden; 3. helle, gelblichbraune Lage – nur Tonminerale (?).

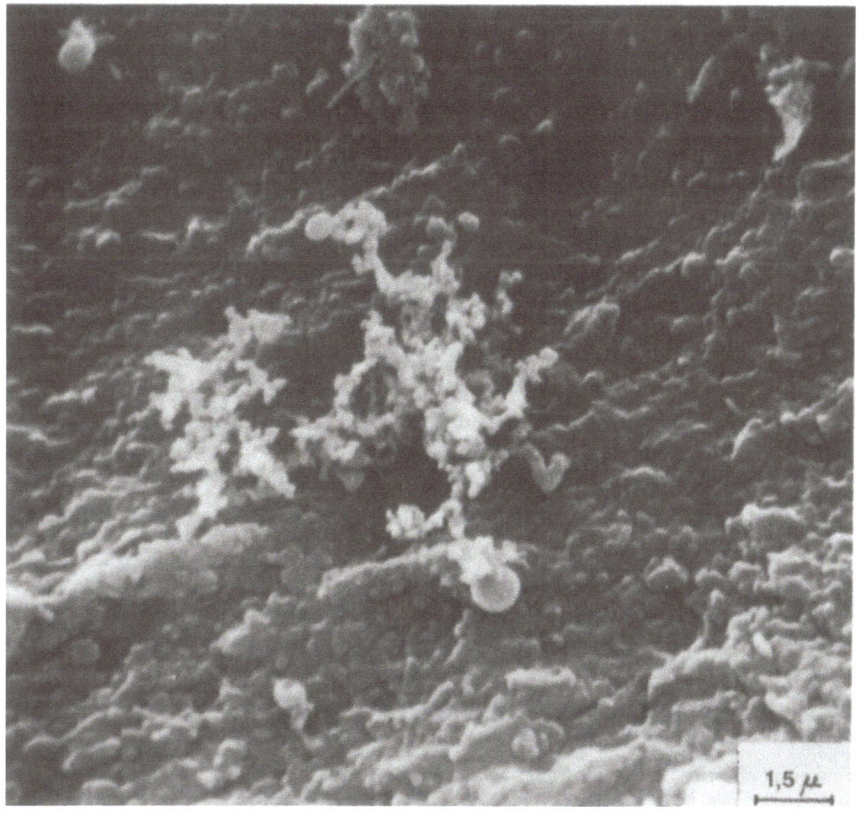

Abb. 42, Vergr. 9,5k

Bei anderen Einschlüssen dagegen ist es im Innern noch einmal zu einer Konzentration von Fe-Oxiden gekommen, die sich in Form einer opaken bis rötlichbraun durchscheinenden Lage abzeichnet.

RDA

In der Gesamtübersicht herrschen von den Primärmineralen Magnetit und von den Sekundärmineralen 10 Å-Halloysit vor; weiters erscheinen Sanidin, Hämatit, 7 Å-Halloysit und in Spuren Diopsid.

In der Fraktion < 20 μ dominieren ausschließlich die Neubildungen 10 Å- und 7 Å-Halloysit, dann folgen Sanidin und in geringeren Mengen Magnetit und Hämatit.

Die Fraktion < 2 μ zeigt überhaupt nur mehr neugebildete Minerale, wobei 10 Å-Halloysit den 7 Å-Halloysit überwiegt.

REM

Abb. 42 stellt einen Ausschnitt aus der Oberfläche einer Hohlraumauskleidung dar. Über der stark genoppten Fläche sind Aggregate aufgewachsen, die aus einzelnen großen und zahlreichen kleinen Kugeln bestehen, die offenbar band- oder kettenförmig zusammengewachsen sind. Vereinzelt erscheinen auch gewundene oder gerade gestreckte Einzelformen (Halloysit?).

Horizont 2

In diesem Horizont, der die obere Schicht der alten Bodenbildung darstellt, sind in auffallender Weise zahlreiche Spalten aufgerissen, die selbst wieder mit Verwitterungssubstanzen gefüllt sind. Die schwach rötlichbraune Lage macht schon makroskopisch einen stärker verwitterten Eindruck als die liegende Schicht, sie ist überwiegend erdig und mit den Fingern leicht zerreibbar; nur vereinzelt finden sich etwas frischere, hohlraumreiche Schlackenkomponenten, in denen die ehemaligen Blasenräume aber bereits mit Bodensubstanz gefüllt sind. Als Einsprenglinge sind auch hier stark angewitterte Olivinkristalle und kleinere Magnetitkörnchen festzustellen. In den Schlacken sind außerdem noch helle Feldspatleisten zu beobachten.

Auch im Dünnschliff erkennt man die gegenüber dem liegenden Horizont fortgeschrittene Verwitterung: die Einschlüsse sind stärker zersetzt, die Grundmasse ist dichter, in Rissen und Hohlräumen finden sich hellbraune, doppelbrechende Substanzen. Die häufigsten Einschlüsse bilden Komponenten mit parallel angeordneten Feldspatleisten, die ein ehemaliges Fließgefüge markieren. Dabei sind zwei Generationen zu unterscheiden: 1. überwiegend dunkle, gut gerundete Formen mit extrem starker Verwitterung; 2. helle, eckige Komponenten, die lediglich einen braunen Saum aus Fe-Oxiden zeigen; in ihnen ist neben Feldspat als zweiter Hauptgemengteil Magnetit festzustellen. Weiters finden sich ebenfalls in stark zersetzter Form ursprünglich glasige Schlackentrümmer mit großen, wirr angeordneten porphyrischen Feldspatleisten. Auffallend sind die Zersetzungserscheinungen bei den Pyroxenen (Abb. 43): die Auflösung des Kristalls beginnt von innen her, wobei ein stellenweise lockeres Maschengitter entsteht; den Kristallrand bildet ein dichter dunkelroter Saum.

RDA

In der Übersichtsaufnahme herrschen Sanidin als Primärmineral und auch bereits 10 Å-Halloysit als Neubildung vor, es folgen Magnetit und Hämatit sowie in ganz geringen Mengen Saponit und 7 Å-Halloysit.

Die Fraktion < 20 μ zeigt bereits 7 Å-Halloysit als Hauptgemengteil, während Sanidin mengenmäßig stark zurücktritt; dann kommt wieder Hämatit und stark untergeordnet Magnetit, Saponit und 10 Å-Halloysit.

Die Fraktion < 2 μ bietet prinzipiell das gleiche Bild, nur sind Magnetit und Saponit verschwunden.

Erst in der Fraktion < 1 μ tritt auch kein Sanidin mehr auf; sonst ergeben sich keine Veränderungen.

In der Fraktion < 0,2 μ schließlich findet sich nur mehr 7 Å-Halloysit und in Spuren Saponit und 10 Å-Halloysit.

59

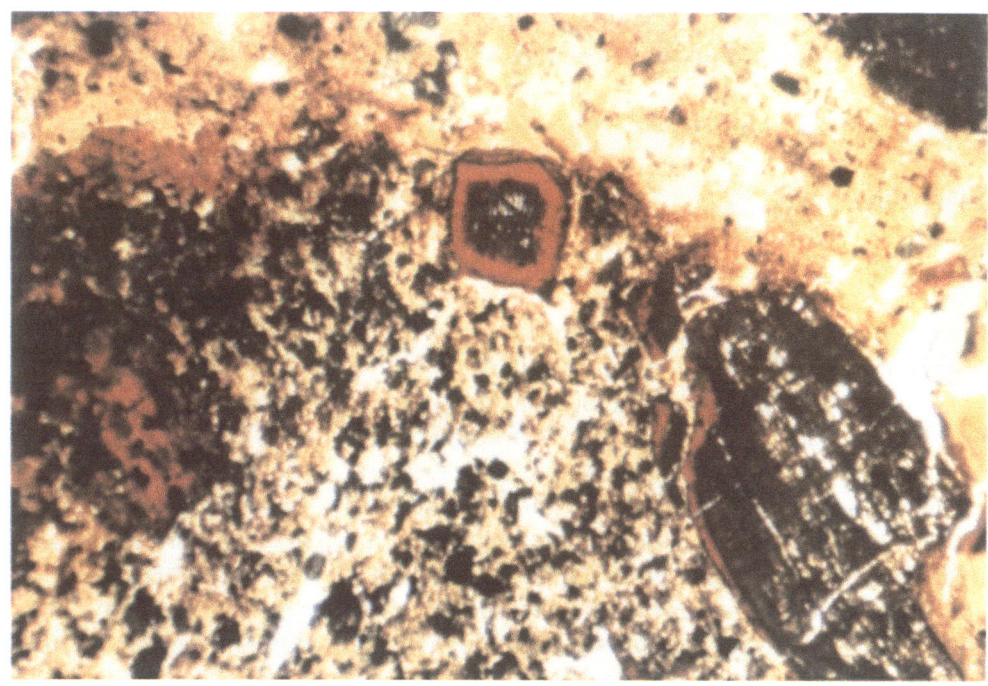

Abb. 43, Vergr. 25x

REM

Auch auf Abb. 44 ist die Auflösung eines Pyroxenkristalls zu erkennen: dabei zeigt sich, daß einzelne parallel orientierte Platten übrig geblieben sind, während die

Abb. 44, Vergr. 9k

ursprünglich dazwischen liegenden Substanzen weggelöst wurden. Für die noch vorhandenen Reste ergab die EDAX-Analyse hauptsächlich Fe und Ti, weiters K und in wesentlich geringeren Mengen Al und Si. Demnach dürfte primär ein Ti-führender Diopsid vorgelegen sein.

Spaltenfüllung 2₁

In den oberen Partien der alten Bodenbildung (2) haben sich zahlreiche Spalten gebildet, die sämtlich mit Verwitterungssubstanzen (2₁) gefüllt sind. Sie zeigen eine dunklere (rötlichbraune) Farbe als der Horizont, in dem sie stecken, und zerfallen durch auffallend viele Trockenrisse kleinblockig bis krümelig. Ganz vereinzelt sind einige noch glänzende Feldspatleisten festzustellen.

Das überwiegend stark aufgelockerte, z. T. krümelige Gefüge läßt sich auch im Dünnschliff wiederfinden. Sämtliche Komponenten – außer Magnetit – zeigen eine besonders intensive Zersetzung, jedoch lassen sich auffallend wenig Tonmineral-Neubildungen beobachten. Lediglich die Hohlräume in den Schlackenbruchstücken sind teilweise bis vollständig mit hellen, gelblichbraunen Substanzen gefüllt, die deutlich Anlagerungsstrukturen aufweisen (Einschlämmungen). Vereinzelt treten auch hellbraune Pseudomorphosen auf (wahrscheinlich nach Olivin), die innerhalb eines ganz schmalen Saumes aus dunkelbraunen Fe-Oxiden völlig umkristallisiert sind (Saponit?). Pyroxenpseudomorphosen sind an ihren charakteristischen Querschnitten zu erkennen; sie zeigen auch hier wieder eine intensiv rotbraune Farbe (Hämatit). Weiters finden sich an einigen Stellen die gleichen charakteristischen Kristallisationsabfolgen, wie sie bereits im Horizont 3 beobachtet wurden.

Hier ist aber deutlich zu erkennen, daß es sich dabei um Auskleidungen von eng nebeneinanderliegenden Blasenräumen handelt, die z. T. ineinander übergehen, sodaß ursprünglich nur ein Schlackengerüst vorhanden war, an das die Neubildungen im Zuge der Verwitterung rhythmisch angelagert wurden.

RDA

Schon in der Übersichtsaufnahme herrscht 10 Å-Halloysit vor, dann folgen Sanidin, Hämatit, untergeordnet Magnetit und 7 Å-Halloysit. Die gleiche Zusammensetzung zeigt die Fraktion < 20 μ. In der Fraktion < 2 μ dagegen erscheinen nur mehr die Sekundärminerale 10 Å- und 7 Å-Halloysit.

REM

Da eine Reihe von charakteristischen Neubildungen aus diesem Horizont bereits in einer früheren Arbeit veröffentlicht wurde (B. SCHWAIGHOFER, 1974), kann ich mich hier auf einige wenige Abbildungen, die die grundsätzlichen Unterschiede der einzelnen neugebildeten Formen zeigen, beschränken.

Auf Abb. 45 finden sich über verkrusteten Bodenaggregaten Ketten von kugelförmigen Partikeln.

Abb. 46 zeigt stengelige und stark verästelte Formen, bei denen offenbar in regelmäßigen Abschnitten charakteristische Einschnürungen auftreten. Auf Abb. 47 ist zu erkennen, daß diese verzweigten Stengel direkt aus der reliefierten Kruste aufwachsen. Diese Stengel können von der Krustenoberfläche weg frei in die Hohlräume hinein fortwachsen. Deutlich erkennt man an den Stellen der Verästelung die Einschnürung der einzelnen Stengelglieder.

Aus Abb. 48 geht hervor, daß es möglicherweise Übergänge zwischen den kugeligen und stengeligen Formen gibt. Der Vorgang der Einschnürung ist hier weiter fortgeschritten und es entsteht der Eindruck, als ob dabei (vielleicht auch durch eine zusätzliche Eintrocknung) aus den länglichen allmählich kugelige Partikel entstehen könnten. Die EDAX-Analyse dieser Aggregate brachte vorherrschend Fe, weiters Si und Al; in geringen Mengen Ti, K und in Spuren Ca.

61

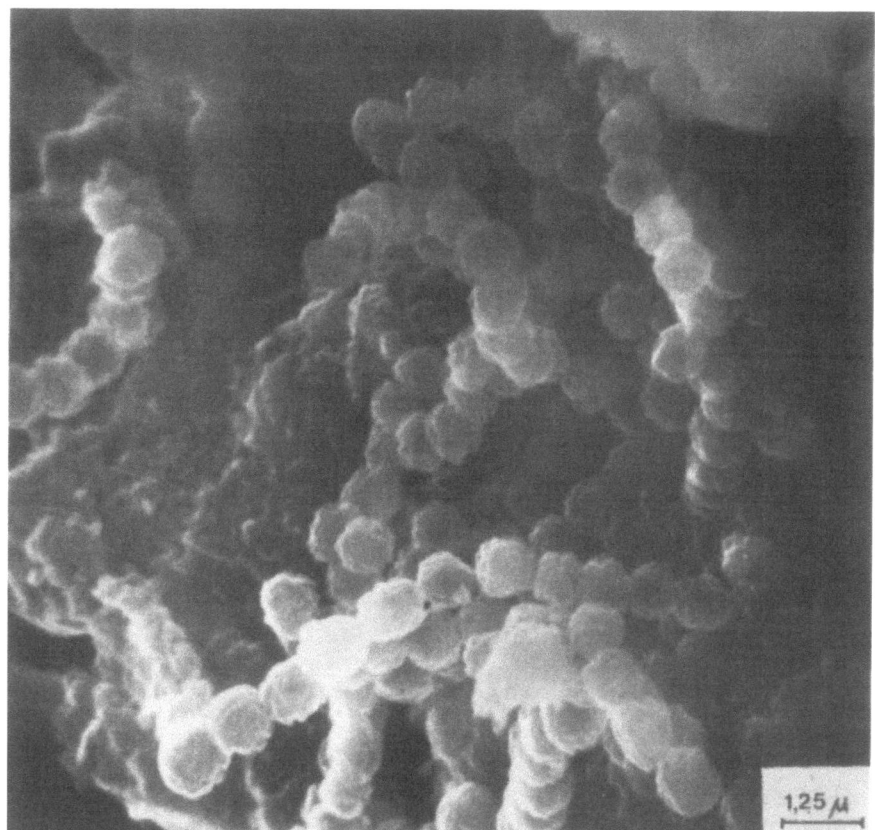

Abb. 45,
Vergr. 8k

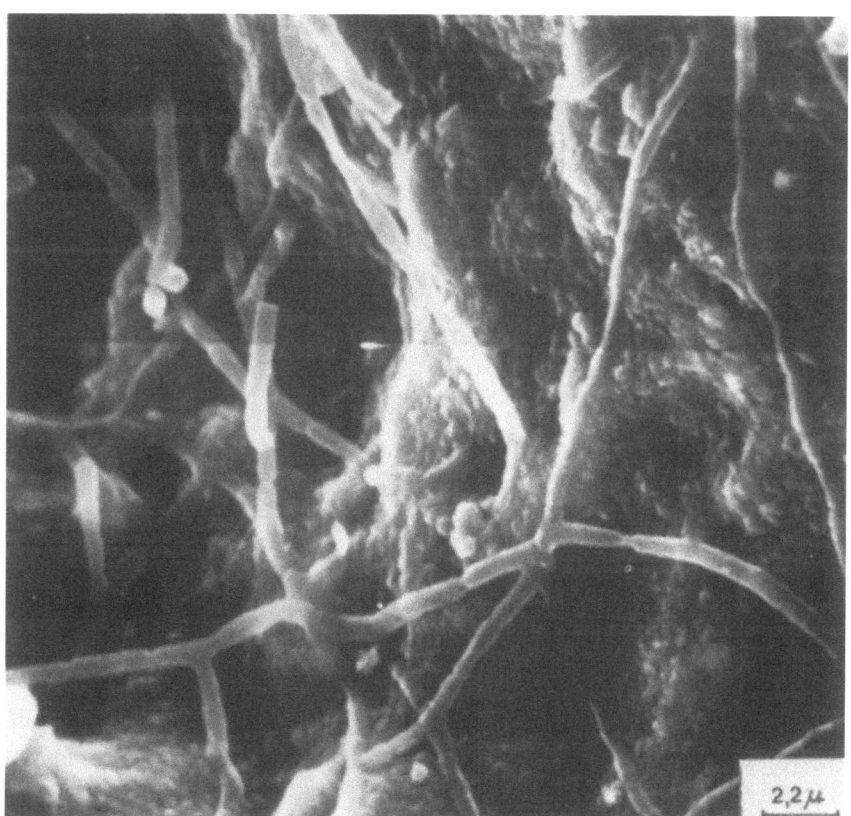

Abb. 46,
Vergr. 4,6k

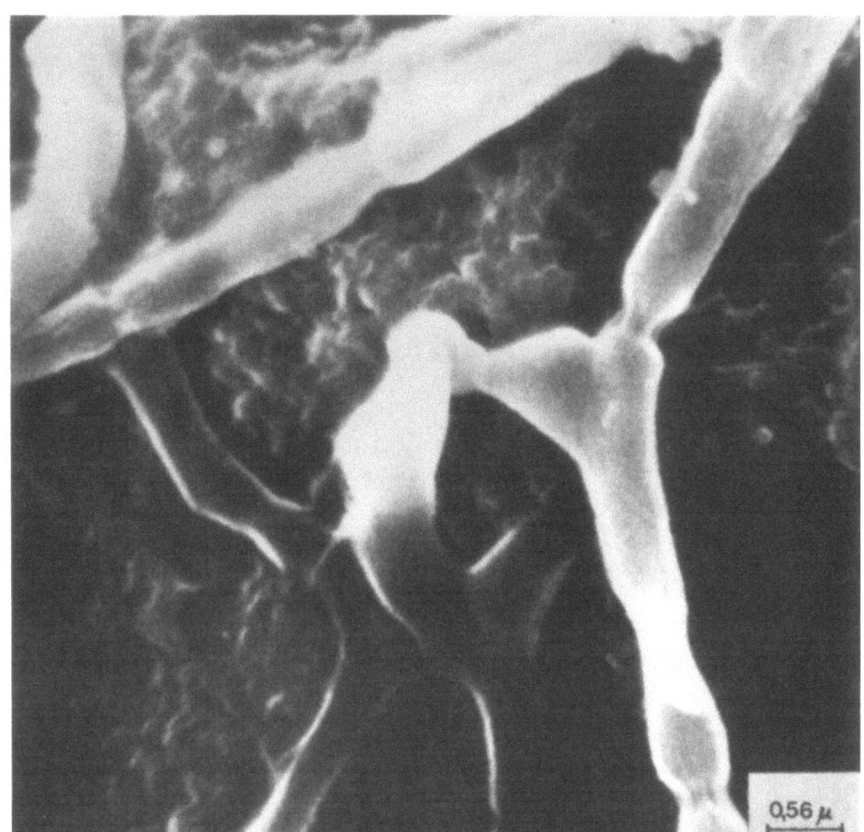

Abb. 47,
Vergr. 18k

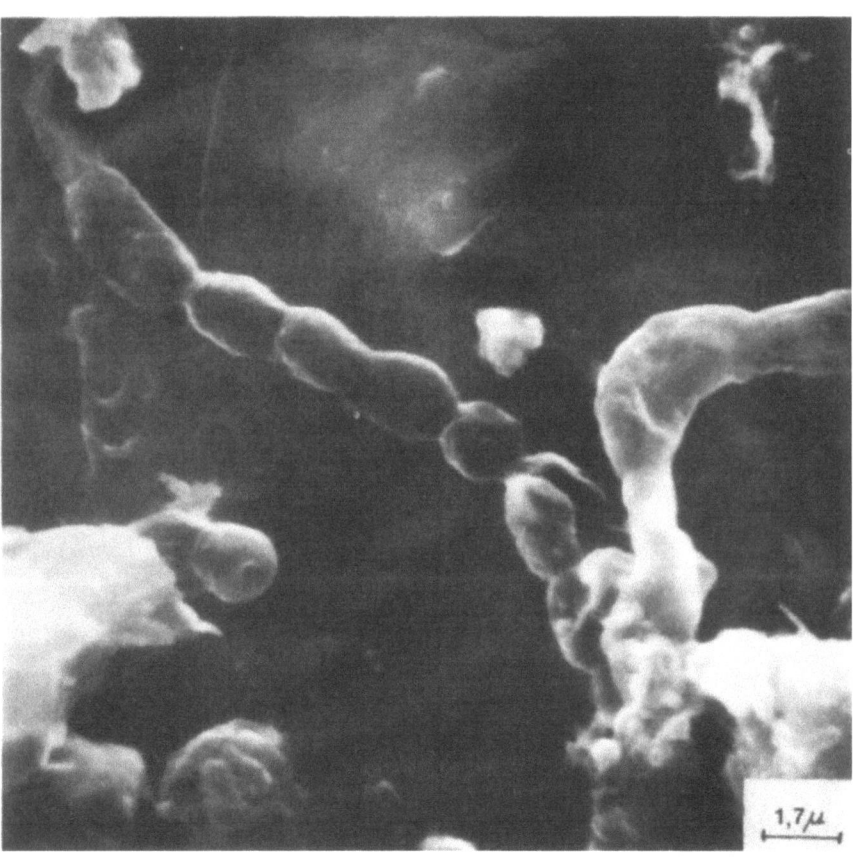

Abb. 48,
Vergr. 5,8k

Horizont 1

Dieser helle, gelblichbraune Horizont bildet im vorliegenden Verwitterungsprofil die hangendste Schicht. Während die 3–4 mm dicke Verwitterungskruste einen durchaus einheitlichen Eindruck macht, zeigt sich im frischen Bruch erst der inhomogene Aufbau dieses Horizonts: hier ist er heller und dunkler bräunlich gefleckt, an Aggregatgrenzen treten Mn-Oxid-Überzüge auf, einzelne bis 5 mm große Feldspattrümmer sind deutlich zu erkennen.

Der gute Erhaltungszustand der Kalifeldspäte tritt im Dünnschliffbild besonders deutlich zutage.

Die überwiegend verzwillingten Kristalle sind durchwegs idiomorph ausgebildet und zeigen kaum Verwitterungserscheinungen. Sie liegen völlig regellos in einer dichten hellbraunen Grundmasse, zu der sie offenbar keine genetische Beziehung haben. Weiters finden sich als Einsprenglinge unregelmäßig begrenzte, kantige Trümmer, die aus stark zersetzten Sanidinleisten und Magnetitkörnchen bestehen. In Rissen und Hohlräumen erscheinen hell- und dunkelbraun gefärbte Tonmineral- und Fe-Oxidanlagerungen, die häufig durch spätere Eintrocknungsvorgänge wieder zerlegt worden sind.

RDA

Schon in der Gesamtübersicht dieser Probe herrscht 10 Å-Halloysit vor, gefolgt von Sanidin. Die Fraktion < 20 μ zeigt das gleiche Bild, nur ist der Sanidinanteil stark zurückgegangen. In der Fraktion < 2 μ erscheint nur mehr 10 Å-Halloysit und in geringen Mengen 7 Å-Halloysit. Auch die Fraktion < 1 μ zeigt diese beiden Minerale, aber in wesentlich geringerer Menge.

REM

Bei den Untersuchungen am Rasterelektronenmikroskop konnten innerhalb der Bodenaggregate lediglich verkrustete Feldspäte beobachtet werden, die aber keine wesentlichen Neubildungen zeigten.

Horizont 7

Im abgeglittenen Teil der Aufschlußwand (siehe Abb. 35) beginnt die Profilabfolge mit dem Horizont 7. Es handelt sich dabei um einen mittelgraubraunen, stark porösen Schlackentuff. Besonders auffallend ist eine intensive weiße Fleckung, die möglicherweise von zersetzten Feldspäten abzuleiten ist. 3–4 mm große Pyroxenkristalle treten als schwarze Porphyroblasten auf, während von den ehemaligen Olivinen nur mehr braune, stark zersetzte Reste übriggeblieben sind, die oft wabenförmig aufgelöst sind. Die Blasenräume der Schlacken sind durchwegs mit schwarzen Krusten ausgekleidet.

Das Dünnschliffbild (Abb. 49) zeigt völlig von Fe-Oxid durchsetzte Pseudomorphosen nach den ehemaligen Olivinporphyroblasten in einer feinkörnigen Grundmasse.

Die Pseudomorphosen besitzen einen ± homogenen Saum, während es im Innern des Korns häufig zu einer fasrigen Auflösung gekommen ist. Die Grundmasse besteht aus feinen, noch gut erkennbaren Sanidinleisten und Magnetitkörnchen. Große, porphyroblastische Feldspäte sind völlig aufgelöst, nur ihre idiomorphen Umrisse sind in der Grundmasse noch erhalten (davon stammen die makroskopisch sichtbaren weißen Flecken). Um Olivinporphyroblasten und stellenweise auch in ihrem Innern ist es zur intensiven Neubildung von nadelförmigem Goethit gekommen (Länge der einzelnen Nadeln ca. 0,2 mm). Von den Spaltrissen des ehemaligen Olivins dringen dunklere, rötlichbraune Fe-Oxide in das Korn hinein. Spalten und Risse, die auch durch die Pseudomorphosen ziehen, sind mit hellen, gelblichbraunen Tonsubstanzen gefüllt.

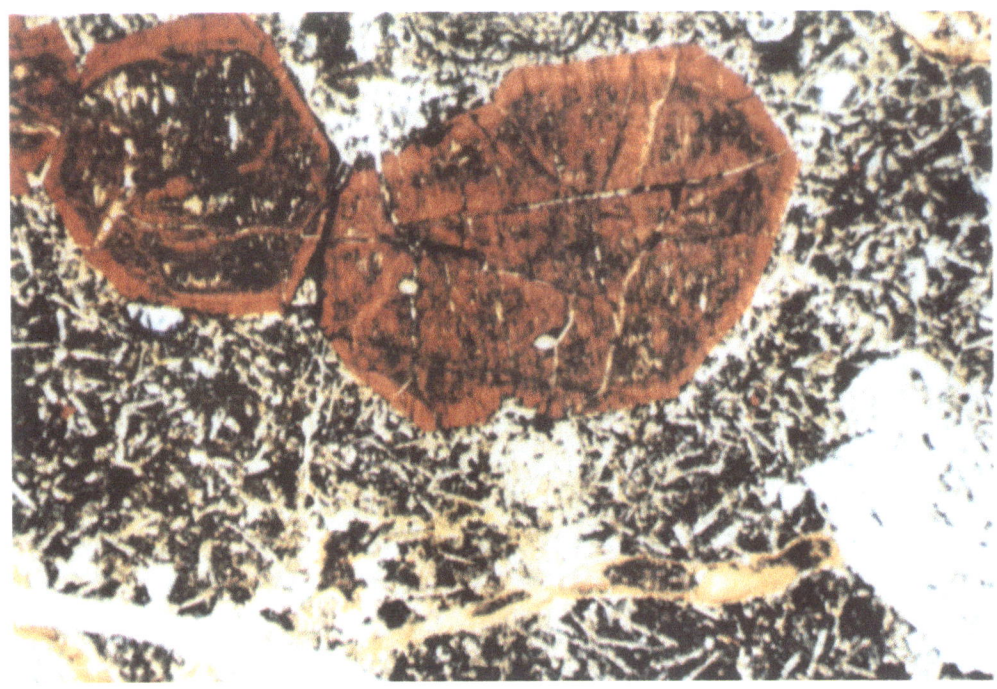

Abb. 49, Vergr. 25x

RDA

In der Gesamtübersicht dominiert das Primärmineral Magnetit, dann folgen Hämatit, 10 Å-Halloysit und 7 Å-Halloysit; in wesentlich geringeren Mengen erscheinen Sanidin und Goethit.

Die Fraktion < 20 μ zeigt das gleiche Bild, nur Goethit ist verschwunden.

In der Fraktion < 2 μ herrschen bereits die Neubildungen 10 Å- und 7 Å-Halloysit vor, dann kommen Hämatit, Magnetit, Sanidin und auch etwas Saponit.

Die Fraktion < 1 μ führt keinen Magnetit mehr, sonst ist die Zusammensetzung unverändert.

Die Fraktion < 0,2 μ zeigt nur schwache Ansätze zur Kristallisation von 10 Å- und 7 Å-Halloysit sowie von Saponit.

REM

Auf Abb. 50 ist die glatte Kristalloberfläche eines porphyrischen Einsprenglings (Feldspat?) und eine deutlich abgegrenzte, z. T. abgeplatzte Verkrustungsschicht zu erkennen. Offenbar besitzt diese Schicht eine eigene fasrig-blättrige Internstruktur senkrecht zur Kristalloberfläche. Auffallend ist die scharfe Trennung zwischen Kristall und Kruste, wobei der Eindruck entsteht, als ob zwischen beiden keine genetischen Zusammenhänge bestünden. Aus der wellig und noppig strukturierten Krustenoberfläche erheben sich einzelne dünne Blättchen mit unregelmäßigen, z. T. flammenförmig ausgebildeten Rändern. Von diesen Rändern, aber auch aus der Krustenoberfläche selbst wachsen stäbchen- oder röhrenförmige Fortsätze auf. Ähnliche Formen wurden bereits von W. E. PARHAM (1969) beschrieben.

Außerdem erscheinen in diesem Horizont auch die gleichen polsterartigen Neubildungen (Abb. 51), wie sie bereits aus dem Horizont 8 des Teilprofils A beschrieben und abgebildet wurden. Die EDAX-Analyse ergab vorherrschend Al, Fe, Mn und Si, untergeordnet Ti. Auffallend ist, daß sowohl hier wie dort Mn zu den Hauptbestandteilen der Verwachsungsaggregate gehört. Im Detail erkennt man, daß einerseits blättrige – meist geknickte – Formen, andererseits auch geradegestreckte stäbchen- oder röhrenförmige vorliegen. Auch hier scheint es, als ob diese Röhrchen als Fortsätze auf den Blättchen aufgewachsen wären.

Verwachsungen von ausschließlich stengeligen Neubildungen zeigt Abb. 52. Diese Halloysitstengel haben einen kreisrunden oder ovalen Umriß und sind selbst wieder mit kleinen Noppen verkrustet. Halloysitneubildungen auf zersetzten Feldspäten wurden von H. ESWARAN (1972) in ähnlicher Form abgebildet.

65

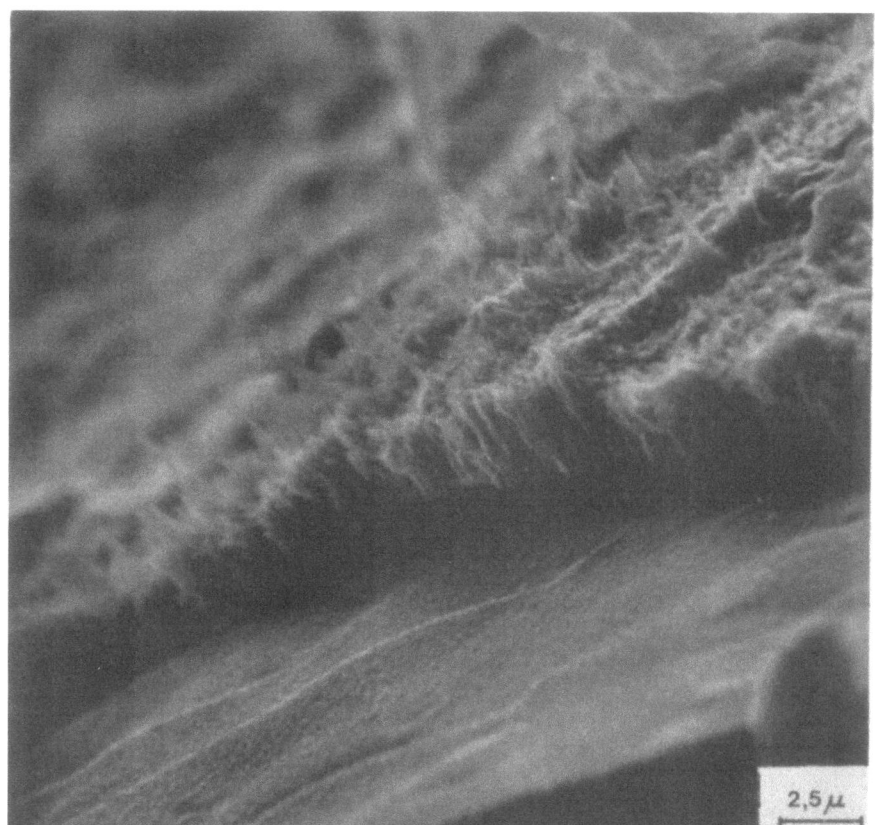

Abb. 50,
Vergr. 4k

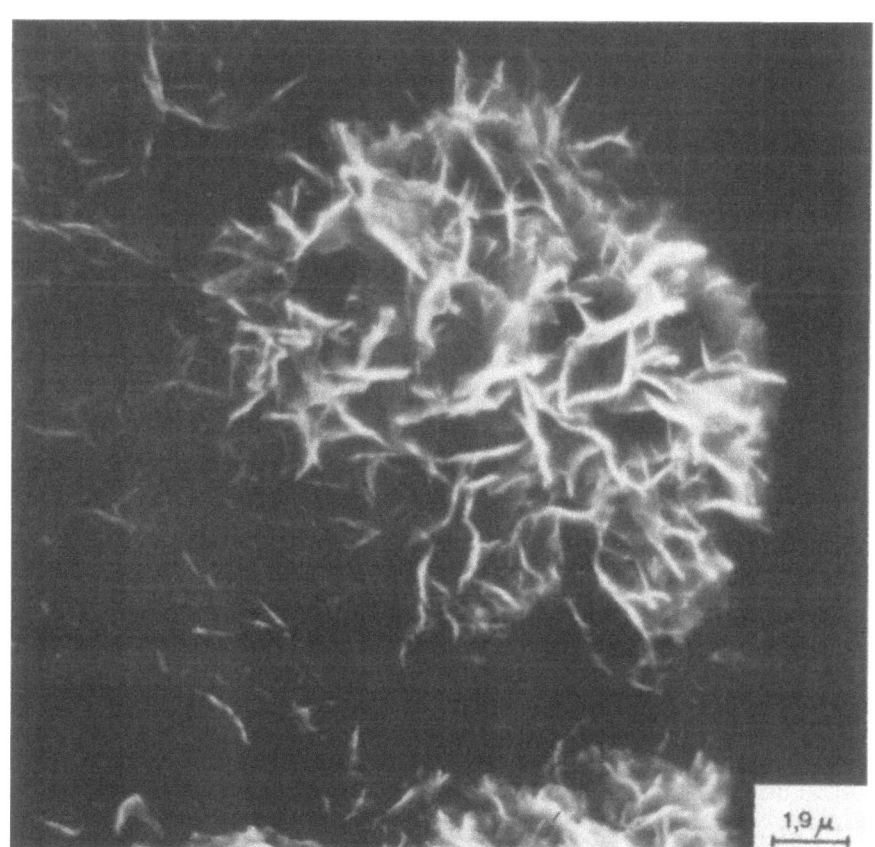

Abb. 51,
Vergr. 5,2k

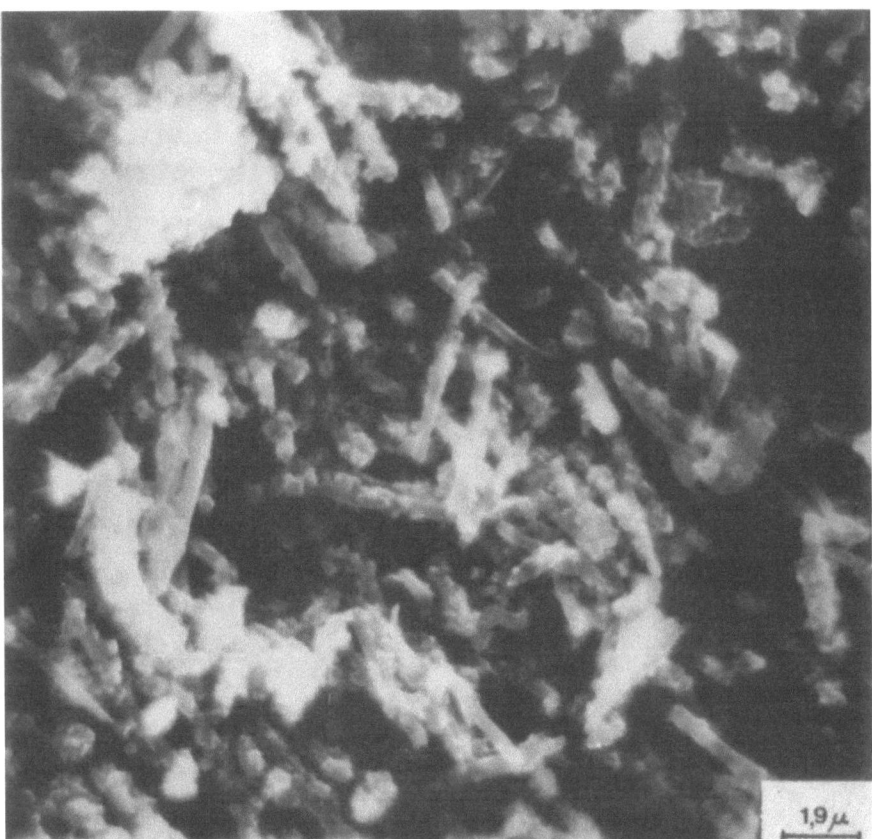

Abb. 52,
Vergr. 5,2k

Horizont 6

Dieser Horizont stellt den Übergang zwischen der liegenden Schicht 7 und der darüber folgenden 5 dar, wobei auch hier noch als auffallendstes Merkmal die intensive weiße Fleckung festzustellen ist, wie sie bereits im unterliegenden Ausgangsmaterial beobachtet wurde. Allerdings ist der Horizont 6 wesentlich mürber, erdiger – stellt also ein fortgeschrittenes Verwitterungsstadium dar.

Diese fortgeschrittene Verwitterung macht sich auch im Dünnschliff bemerkbar; die Grundmasse ist dichter, die Olivinzersetzung intensiver; die Hohlräume, die nach herausgelösten Porphyroblasten entstanden, sind gefüllt; die doppelbrechenden Substanzen in Rissen und Hohlräumen führen wesentlich weniger Fe-Oxide als in anderen Horizonten; zahlreiche Magnetitkörnchen.

Besonders intensiv in diesem Horizont sind die farblosen Neubildungen aus der Kieselsäure (Abb. 53, siehe S. 68): die Hohlräume in den ehemaligen Schlackentrümmern bzw. auch die zwischen den Schlackenbruchstücken sind fast vollständig mit Kieselsäureausscheidungen gefüllt; dabei ist infolge der unterschiedlichen Mächtigkeit der einzelnen Lagen eine charakteristische Ausscheidungsfolge festzustellen; auffallend ist, daß auch hier im Gegensatz zu den übrigen Horizonten keine Fe-Oxide in diese Kristallisate eingebaut sind.

RDA

In der Gesamtübersicht dieser Probe herrschen 10 Å- und 7 Å-Halloysit vor, es folgen Magnetit und Sanidin; in sehr geringen Mengen erscheinen Goethit und Saponit.

In der Fraktion < 20 μ dagegen dominiert eindeutig Sanidin (!), sodaß angenommen werden muß, daß in dieser Probe der Feldspat in ungewöhnlich kleine Korngrößen zerlegt wurde. Weiters finden sich 7 Å- und 10 Å-Halloysit sowie untergeordnet Magnetit und Goethit.

In der Fraktion < 2 μ erscheint kein Magnetit mehr und auch der Sanidin ist stark zurückgegangen. Hauptgemengteil sind 7 Å- und 10 Å-Halloysit, daneben treten noch Goethit und Saponit auf.

67

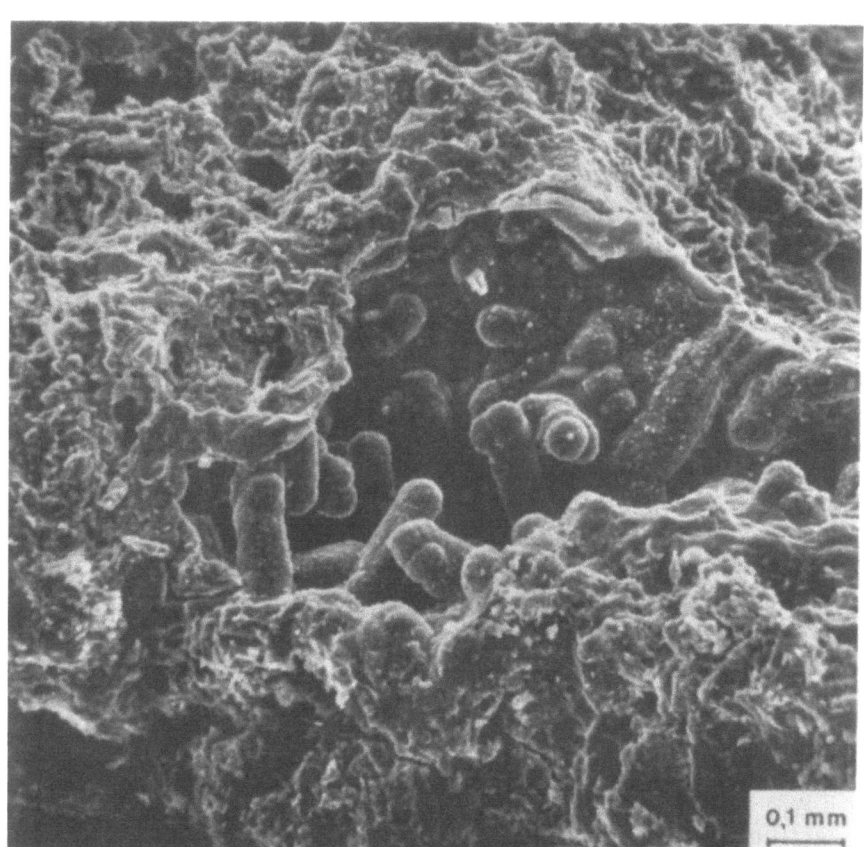

Abb. 55,
Vergr. 100x
(zu S. 69)

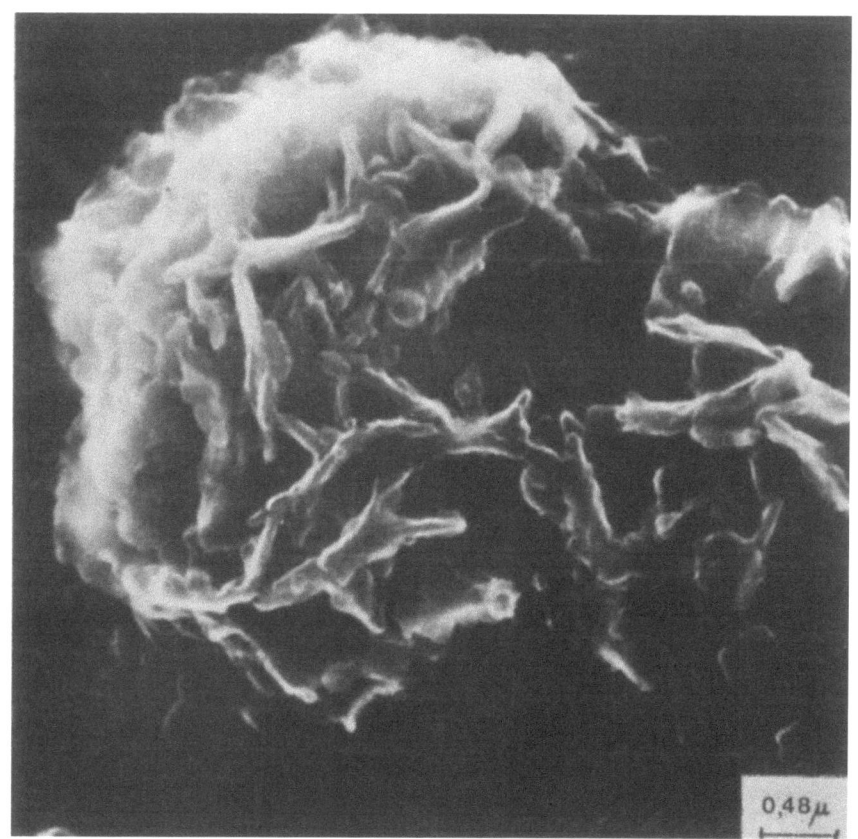

Abb. 56,
Vergr. 21k
(zu S. 69)

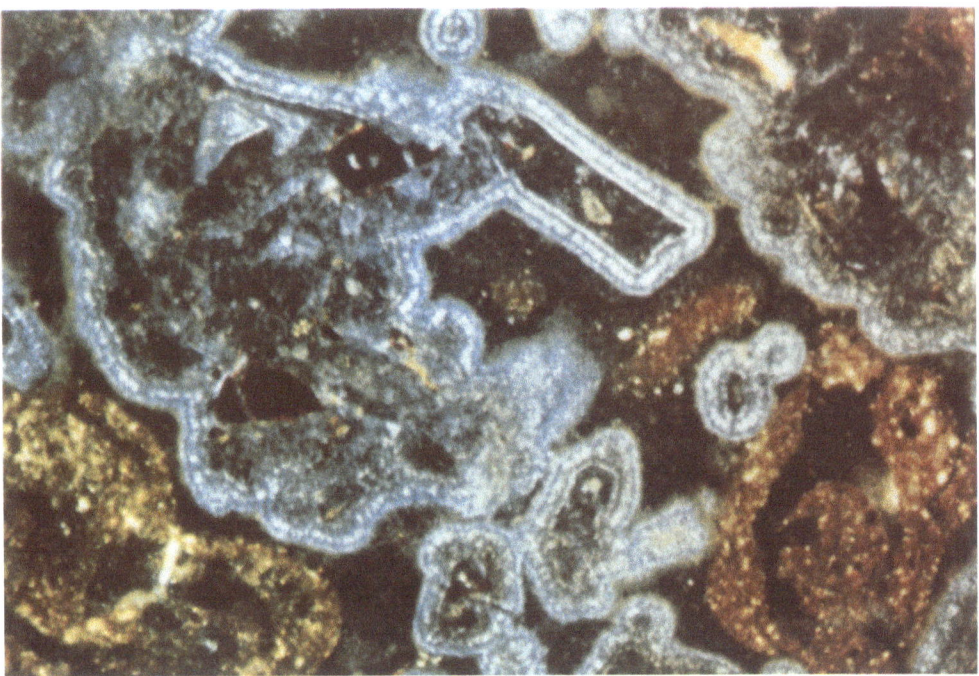

Abb. 53, Vergr. 100x (zu S. 66)

Die Fraktion < 1 μ zeigt 7 Å-Halloysit als Hauptgemengteil, untergeordnet finden sich noch 10 Å-Halloysit, sowie Goethit und Saponit.
In der Fraktion < 0,2 μ findet sich die gleiche Zusammensetzung, nur Goethit ist verschwunden.

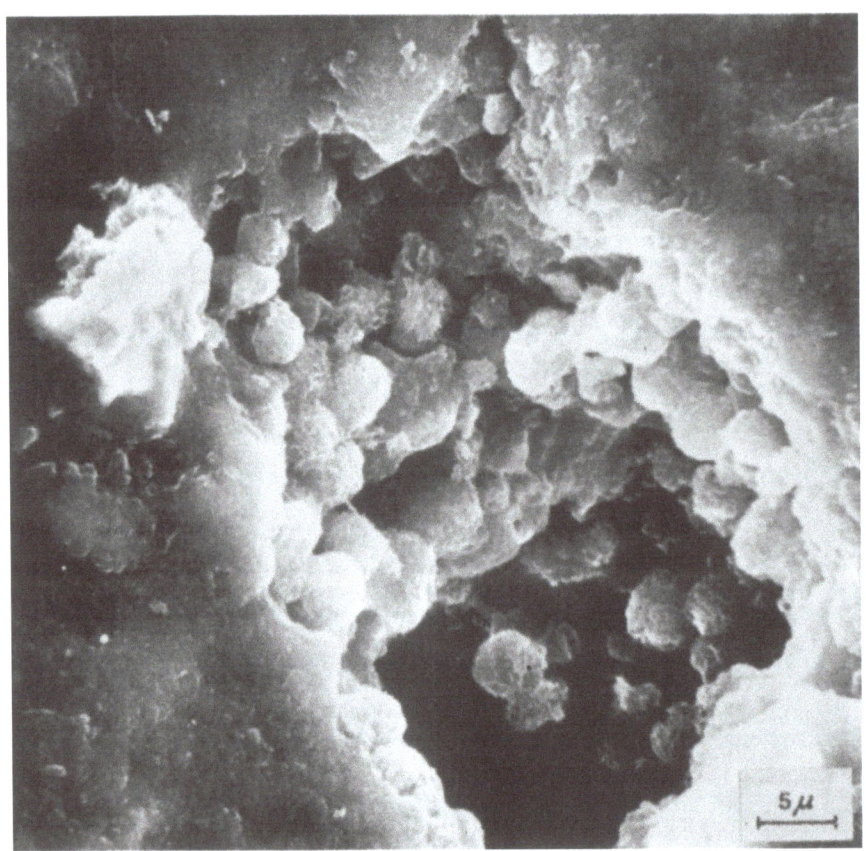

Abb. 54, Vergr. 2k (zu S. 69)

REM

Auch von diesem Horizont wurde bereits in einer früheren Arbeit (B. SCHWAIGHOFER, 1974) eine Reihe von Abbildungen veröffentlicht. An mehreren Stellen sind die Bodenaggregate aufgebrochen und in den dabei sichtbar werdenden Hohlräumen finden sich unterschiedliche Neubildungen. Einerseits erscheinen kugelige bis polsterartige Formen (Abb. 54, siehe S. 68), andererseits stengelige, auf denen als Sekundärbildungen ebenfalls polsterartige Aggregate auftreten (Abb. 55). Eine Detailaufnahme (Abb. 56) aus diesen Aggregaten zeigt, daß sie aus einer Vielzahl von blättchen- bis stäbchenförmigen, geraden oder gekrümmten und geknickten Formen bestehen. Auch hier dürfte es sich um Vorstadien zur Halloysitkristallisation handeln (siehe B. SCHWAIGHOFER, 1974).

Horizont 5

Dieser Horizont stellt die hangendste Schicht aus dem abgeglittenen Teil dieser Verwitterungsabfolge dar. Dabei handelt es sich um einen hydromorphen, gelblichbraunen, schwach gefleckten Horizont, der stellenweise noch intensive Durchwurzelung zeigt.

Im Dünnschliff findet man hier ein noch weiter fortgeschrittenes Verwitterungsstadium als im unterlagernden Horizont. Von den Primärmineralen erscheinen nur mehr Reste: stark angegriffene Skelette von Olivin bzw. ungewöhnlich intensiv angewitterte Magnetitkörner; die Grundmasse ist dicht und auch die Hohlräume nach den ehemaligen Feldspatporphyroblasten sind verschwunden.

Risse und Spalten sind mit hell- bis dunkelbraunen, doppelbrechenden Substanzen gefüllt, wobei zwischen den Tonlagen in auffallender Weise mehrmals gröber auskristallisierte Schichten zwischengeschaltet sind (Abb. 57). Offenbar ist es hier durch mehrmaligen Milieuwechsel abwechselnd zur Anlagerung von Paketen aus Tonmineralen und Fe-Oxiden bzw. Kieselsäurekristallisaten gekommen.

Abb. 57, Vergr. 100x

RDA

Schon in der Übersichtsaufnahme findet sich überwiegend das neugebildete Mineral 7 Å-Halloysit, daneben nur geringe Mengen von Magnetit, Sanidin und Goethit.

Die Fraktion < 20 μ zeigt im wesentlichen das gleiche Bild, nur tritt 10 Å-Halloysit hinzu.

Auch die Fraktion < 2 μ besitzt die gleiche Zusammensetzung, allerdings ist der Magnetit hier verschwunden.

Die Fraktion < 1 μ besteht nur mehr aus 7 Å-Halloysit und etwas Goethit.

In der Fraktion < 0,2 μ finden sich ebenfalls nur 7 Å-Halloysit und in Spuren Goethit.

REM

Bei den Untersuchungen am Rasterelektronenmikroskop fanden sich in diesem Horizont lediglich intensiv verkrustete Bodenaggregate. Die EDAX-Analyse der Krusten ergab eine große Vormacht von Fe und wesentlich geringere Anteile von Si, Ti und Al.

Horizont 8

Bei diesem Horizont handelt es sich um eine isolierte Lage, die durch einen Bacheinschnitt vom vorher besprochenen Profil getrennt ist. Nach seiner Position unter den weißen Tufflagen und dem kolluvialen Schutt sowie nach seiner gelblichbraunen Farbe könnte doch eine Beziehung zum Horizont 5 bestehen. Allerdings tritt die gelbliche Fleckung im Horizont 8 wesentlich stärker in Erscheinung. Das Dünnschliffbild zeigt eine besonders feinkörnige und dichte Grundmasse mit kleinen Blasenräumen und stark angewitterten Olivin- und Pyroxenpseudomorphosen; zahlreiche Magnetitkörnchen.

Besonders auffallend ist eine Anreicherung von meist runden, seltener geraden Bruchstücken, mit einem charakteristischen schichtigen Aufbau. Dabei findet sich zwischen zwei hellen, farblosen Lagen eine bräunliche Fe-Oxid-Schicht. Mit großer Wahrscheinlichkeit liegen hier Bruchstücke von Hohlraumauskleidungen vor, die abwechselnd aus Fe-Oxid- bzw. Kieselsäureausscheidungen bestehen.

RDA

Die Röntgendiffraktometer-Analysen dieses Horizonts zeigen eine sehr einförmige Zusammensetzung. In allen Proben dominiert 7 Å-Halloysit, untergeordnet auch 10 Å-Halloysit, dazu tritt in der Gesamtübersicht noch Magnetit, sowie in der Fraktion < 2 μ etwas Goethit.

REM

Die elektronenmikroskopischen Aufnahmen dieser Probe ließen wieder stark verkrustete Bodenaggregate und Einzelminerale sowie deren plattig aufgelöste Skelettreste erkennen, wie sie schon aus früheren Horizonten beschrieben wurden.

CHEMISMUS
Diagramme III und IV

Durch die Gleitvorgänge innerhalb des Profils sind zwei Sequenzen entstanden, die hier einander gegenübergestellt werden. Innerhalb der südlichen, stehengebliebenen Abfolge sind allerdings auch in diesem Profil – genau so wie in Teilprofil A – noch mehrere Eruptionsphasen zu unterscheiden. Eine durchgehende einheitliche Verwitterungssequenz besteht im nördlichen, abgeglittenen Bereich.

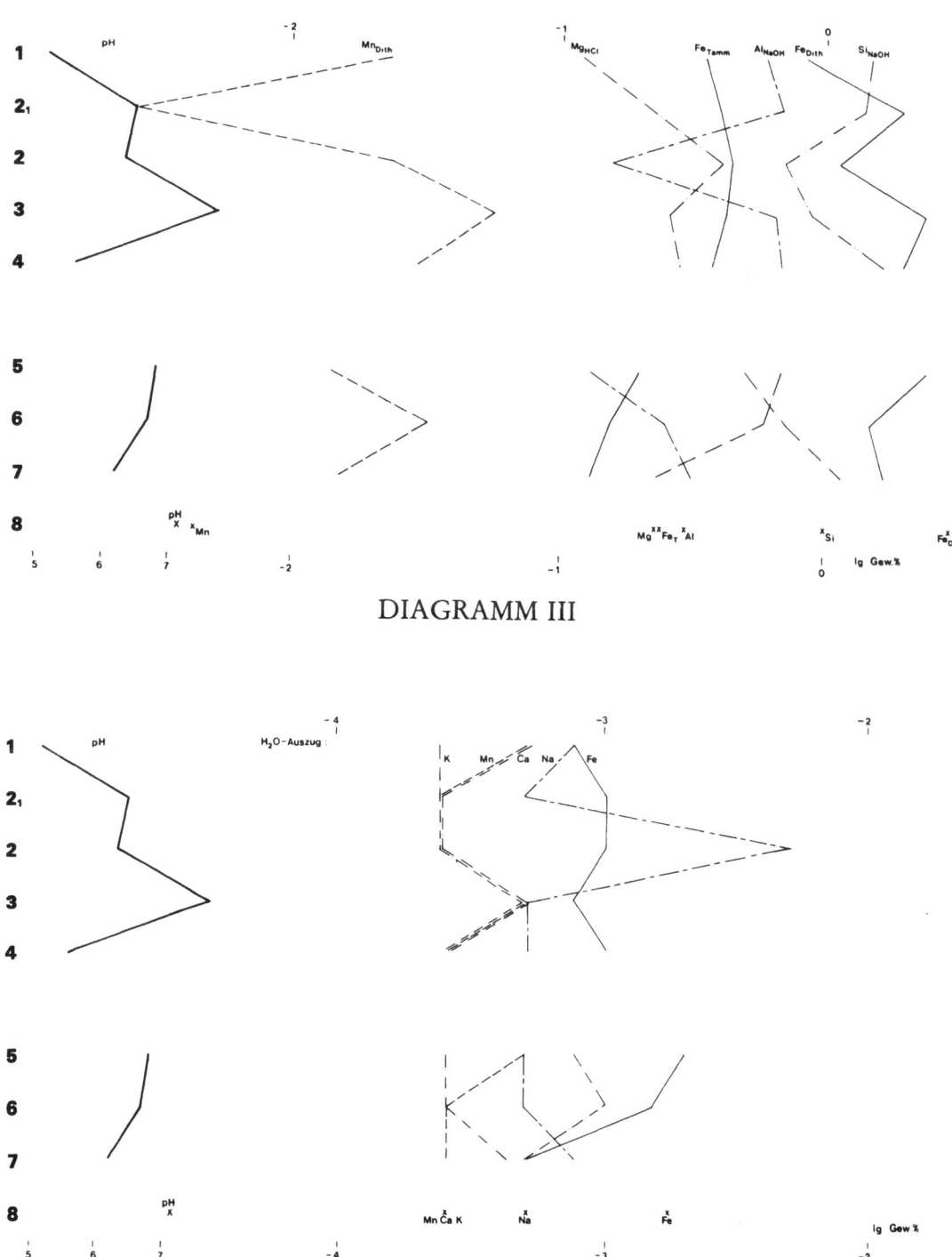

DIAGRAMM III

DIAGRAMM IV

Interpretation

Horizont 4

Sowohl Si als auch Al ergeben in diesem Horizont die höchsten Werte aus dem gesamten Profil überhaupt (siehe Diagramm III). Das steht in guter Übereinstimmung mit den elektronenoptischen Untersuchungen, bei denen Krusten gefunden wurden, die ausschließlich aus Si und Al bestehen (Abb. 39).

Auch für Fe_{Dith} wird in diesem Horizont ein Maximalwert erreicht, was sicher wieder auf die sehr weit fortgeschrittene Olivinverwitterung zurückgeführt werden kann.

Auffallend für die beiden Fe-Kurven in diesem Teilprofil ist jedenfalls die starke Variationsbreite von Fe_{Dith} bei gleichzeitiger Konstanz von Fe_{Tamm}, also dem Anteil der amorphen Fe-Oxide.

Horizont 3

In diesem Horizont, der offenbar eine zu 4 gehörende alte Bodenbildung darstellt, geht der Anteil von Fe_{Dith} und Si stark zurück, während er für Mg und Al konstant bleibt und für Mn sogar stark ansteigt.

Es ist anzunehmen, daß diese Unterschiede auch mit dem ungewöhnlich starken Ansteigen des pH-Wertes von 5,6 im Horizont 4 auf 7,75 in 3 zusammenhängen.

Horizont 2

In diesem Horizont geht die Menge des Fe_{Dith}, Si und Al noch weiter zurück, wobei für Al ein Wert knapp bei Null erreicht wird; auch Mn nimmt hier stark ab, während Mg wieder etwas zunimmt.

Der sehr niedrige Al-Wert ist gerade deswegen besonders bemerkenswert, weil in diesem Horizont nach RDA und lichtmikroskopischen Beobachtungen Sanidin zu den Hauptgemengteilen zählt. Andererseits trat selbst bei den gröberen Fraktionen bereits wieder das neugebildete Mineral Halloysit dominant in Erscheinung. Das bedeutet, daß es einerseits offenbar sehr rasch wieder zur Rekristallisation gekommen sein muß, nachdem die Al- und Si-Oxide gelöst worden waren, und daß außerdem diese Bestandteile zum Großteil aus den Pyroxenen stammen. Während nämlich die Kalifeldspäte überwiegend gut erhalten sind, zeigen die Pyroxene häufig sehr starke Zersetzungserscheinungen (siehe auch Abb. 43). Weiters konnte durch die EDAX-Analyse festgestellt werden, daß sich in den Resten der Ti-führenden Pyroxene nur mehr sehr geringe Mengen von Si und Al fanden, während sowohl Ti als auch Fe der Lösung offenbar wesentlich besser widerstanden haben (Abb. 44).

Spaltenfüllung 2_1

Hier nehmen die Werte für Fe_{Dith}, Al und Si wieder stark zu, während Mn fast auf Null zurückgeht. Außerdem konnten in dieser Probe besonders häufig die verschiedenen Formen der Halloysitkristallisation festgestellt werden (B. SCHWAIGHOFER, 1974). Da nach allen Beobachtungsbefunden das Material der Spaltenfüllung ein sehr weit fortgeschrittenes Verwitterungsstadium erreicht hat, ist anzunehmen, daß damit auch die hier besonders intensive Halloysit-Neubildung in Zusammenhang steht.

Horizont 1

Bei den Kalifeldspäten sind hier eindeutig zwei Generationen zu unterscheiden: a) große, gut erhaltene Porphyroblasten; b) kleine, überwiegend stark zersetzte Leisten in Trümmern einer ehemaligen Grundmasse. Sowohl die großen Einsprenglinge als auch die feinkörnigen Bruchstücke liegen in einer Boden-Matrix, zu der sie primär sicher keine Beziehung hatten. Das heißt, daß in diesem Horizont wahrscheinlich Komponenten nebeneinander vorkommen, die durch eine Explosion aus einer tiefer liegenden Schicht mitgerissen wurden. Die gleiche Ansicht vertritt auch T. BRAVO (schriftliche Mitteilung; Mai 1974).

Da sich im unmittelbar nördlich anschließenden (etwas abgeglittenen) Bereich in tieferer Position ein Horizont (7) findet, der genau die entsprechende Grundmasse aufweist, wäre es möglich, daß die Komponenten von 1 aus diesen Schichten stammen.

Die chemischen Analysen ergaben hohe Werte für NaOH-lösliches Si und Al; da die Kalifeldspäte aber einen durchaus frischen Eindruck machen, dürften diese Verwitterungsprodukte aus der Grundmasse abzuleiten sein.

Horizont 7

Das auffallendste Merkmal dieses Horizonts sind die hellen, leistenförmigen und oft stark begrenzten Flecken, die sicher auf Zersetzungsprodukte ehemaliger Feldspatporphyroblasten zurückgeführt werden können. Während im Dünnschliff von diesen Neubildungen nichts zu sehen war, da sie offenbar infolge ihrer Konsistenz die Präparation nicht überstanden, zeigten die Untersuchungen an unveränderten Proben im Rasterelektronenmikroskop eine Menge von Halloysitneusprossungen. Es ist anzunehmen, daß es sich dabei um Neubildungen aus den zersetzten Feldspäten handelt.

Die chemischen Analysen ergaben für sämtliche Ionen durchschnittliche Werte.

Horizont 6

Da die Horizontfolge 7, 6 und 5 eine zusammenhängende Verwitterungssequenz darstellt, können hier sämtliche Untersuchungsergebnisse und Analysendaten direkt zueinander in Beziehung gestellt werden. Der pH-Wert zeigt in dieser Abfolge eine nach oben allmählich ansteigende Tendenz von 6,2 zu 6,8. Während die Kurve für HCl-lösliches Mg ebenfalls diesen Anstieg mitmacht, findet sich bei NaOH-löslichem Si und Al die umgekehrte Tendenz zu immer niedrigeren Werten. Mn_{Dith} und Fe_{Dith} fallen dagegen gänzlich heraus. Mn erreicht in diesem Horizont den höchsten Wert aus der gesamten Abfolge, Fe den niedrigsten. Das Ergebnis für Fe stimmt gut überein mit den Dünnschliffbeobachtungen. Schon dort konnte festgestellt werden, daß sowohl in den Rissen als auch in den neugebildeten Hohlraumfüllungen ungewöhnlich wenig Fe-Oxide auftreten. Da aber im unterlagernden Horizont 7 eine sehr reiche Fe-Oxid-Füllung festzustellen war, dürfte es offenbar in 6 nach der Mobilisierung zu einer Abwanderung in tieferliegende Schichten gekommen sein. In bezug auf Al und Si dagegen hat sich in diesem Horizont eine verstärkte Neukristallisation abgespielt, wie die besonders intensive Anreicherung von farblosen Neubildungen in den Hohlräumen zeigt (siehe Abb. 53).

Horizont 5

In diesem Horizont steigt der Wert für Fe_{Dith} wieder sehr stark an, während die amorphen Fe-Oxide nur eine schwache Zunahme zeigen. Diese Anreicherung kristalliner Fe-Oxide geht hier möglicherweise auf Magnetit zurück, der in diesem obersten Horizont der Verwitterungssequenz ungewöhnlich intensiv angewittert ist, ohne aber seine kristalline Struktur verloren zu haben.

Horizont 8

Der Horizont 8, der aus Vergleichszwecken zu 5 untersucht wurde, zeigt zu diesem doch wesentliche Unterschiede sowohl im Dünnschliffbild als auch bei den chemischen Analysen, sodaß zwischen den beiden Horizonten offenbar keine genetischen Zusammenhänge bestehen bzw. daß sie durch Verwitterungsvorgänge verwischt wurden, wenn sie früher bestanden haben.

Zusammenfassung zur Entstehung des Profils 1

Bei beiden Teilprofilen, die vorerst einen durchaus homogenen Eindruck machten, konnte durch die mineralogische Analyse eine Reihe von Eruptionsphasen festgestellt werden. Vor allem anhand der unterschiedlichen Feldspatführung war es möglich, eine Differenzierung in mehrere Stockwerke durchzuführen; Magnetit und Olivin fanden sich als Durchläufer in sämtlichen Horizonten, wenn auch in unterschiedlichen Erhaltungsstadien.

Innerhalb des Teilprofils A konnten fünf Eruptionsphasen festgestellt werden:
1. Phase: Horizont 9 + 3
2. Phase: Horizont 8
3. Phase: Horizont 7
4. Phase: Horizont 6
5. Phase: Horizont 5 + 4 + 2 + 1

1. P h a s e : Aus dieser Eruptionsphase stammt ein Schlackentuff, der in zwei Horizonten vorliegt, wobei der hangende ein fortgeschrittenes Verwitterungsstadium aufweist. Allerdings finden sich auch schon im unteren (frischeren) Horizont Schlackenkomponenten mit unterschiedlichem Zersetzungsgrad, was darauf hinweist, daß bei der Eruption Teile von Nebengestein mitgerissen wurden, die bereits einer früheren Verwitterung ausgesetzt waren.

2. P h a s e : Der rotlehmartige Horizont aus dieser Eruptionsphase zeigt im Dünnschliffbild zwar ebenfalls Schlackentrümmer als Komponenten, bei den Feldspäten tritt aber ein wesentlicher Unterschied auf. Während in den Horizonten der Phase 1 Plagioklas festgestellt wurden, erscheint hier ein natronreicher Kalifeldspat (Anorthoklas). Der rotlehmartige Charakter dieses Horizonts weist jedenfalls auf sehr intensive Verwitterungsbedingungen hin. Daß die unterlagernden Schichten davon nicht beeinflußt wurden, kann auf zwei Arten erklärt werden: a) entweder besteht hier kein primärer Kontakt oder b) die intensiven Verwitterungserscheinungen waren nur von sehr kurzer Dauer, sodaß sie sich nur auf ein begrenztes Schichtpaket auswirken konnten. Möglicherweise geht die starke Rotfärbung zusätzlich auch noch auf Frittungen durch den Basalt der nächsten Phase zurück.

3. P h a s e : Relativ frischer basaltischer Blockstrom (7); in der mineralogischen und damit auch chemischen Zusammensetzung besteht ein enger Zusammenhang zu 8, auch hier erscheint der Anorthoklas. Somit besteht zwischen 2. und 3. Phase offenbar eine genetische Beziehung und der Unterschied liegt lediglich in der Art des Magmenaustritts: zuerst eruptiv und dann effusiv.

4. P h a s e : Über dem Basalt findet sich wieder ein Schlackentuff als Ausdruck neuerlich einsetzender eruptiver Tätigkeit. In diesem Horizont ließen sich überhaupt keine Feldspäte feststellen, als Primärminerale erscheinen nur Magnetit, Olivin und Diopsid. Offenbar ist die Feldspatkomponente hier noch nicht zur Auskristallisation gekommen und liegt noch als glasige Substanz der Schlacken vor.

5. P h a s e : Mit dem liegenden Horizont dieser Phase setzt eine Sequenz ein, die bis zum Horizont 1 reicht. Neben Magnetit, Ilmenit, Picotit, Olivin und Pyroxen erscheint auch Sanidin als Primärmineral. Vor allem an Olivin und Pyroxen konnte eine ständige Zunahme der Verwitterungsintensität bis zur Oberfläche hin festgestellt werden. Im Horizont 1 schließlich fanden sich nur mehr unregelmäßig begrenzte, rotbraune Einschlüsse, die offenbar die letzten Reste ehemaliger Olivinkristalle darstellen.

Obwohl das Profil hinsichtlich der Ausgangsgesteine einen stark inhomogenen Aufbau aufweist, finden sich in bezug auf die Ausbildung der Sekundärminerale nur sehr geringe Unterschiede. In sämtlichen Horizonten, völlig unabhängig vom Ausgangsmaterial, dominiert Halloysit als Neubildung. Auf die Genese und Form der Halloysite wurde schon in einer früheren Arbeit im Detail eingegangen (B. SCHWAIGHOFER, 1974).

Ein weiteres Tonmineral, das in sehr vielen Horizonten auftritt, ist der Saponit; seine Entstehungsbedingungen wurden bereits an anderer Stelle diskutiert (siehe S. 48).

Bei den sekundären Fe-Oxiden (soweit sie mit der RDA erfaßt werden konnten) herrscht eindeutig Hämatit vor. Goethit dagegen konnte nur in wenigen Horizonten und auch dort nur in Spuren nachgewiesen werden. Daß Hämatit so stark dominiert, bedeutet aber keineswegs, daß sämtliche Horizonte dieses Profils intensiven Verwitterungsbedingungen ausgesetzt waren. Die Hämatitgenese ist besonders mannigfaltig (z. B. pegmatitisch-pneumatolytisch, hydrothermal, kontaktmetasomatisch etc.) und es ist nicht leicht, Hämatit, der erst im Laufe der Verwitterung entstanden ist, von primären Bildungen zu unterscheiden. Da Hämatit fast als Durchläufer durch das gesamte Profil angesehen werden kann, ist es lohnender, die Horizonte näher zu untersuchen, in denen er nicht auftritt: 6 und 1. Auffallend ist der starke Gegensatz bei Fe_{Dith} (siehe Diagramm III): im Horizont 6 ein Maximalwert, in 1 wesentlich geringere Mengen. Bei den amorphen Fe-Oxiden zeigen beide Horizonte relativ hohe Werte. In 1 findet sich jedoch die doppelte Menge von 6. Beide zeigen sehr ähnliche Farbwerte (1: 5 YR 4/8; 6: 5 YR 4/6), die demnach zum Großteil auf amorphe Fe-Oxide zurückgeführt werden können. Nur in 6 konnte auch etwas Goethit festgestellt werden. Bemerkenswert sind auch die Unterschiede in der Tonmineralneubildung. In 1 findet sich nur 10Å-Halloysit, in 6 dagegen beide Halloysitformen (also auch die entwässerte 7Å-Modifikation), sowie Saponit. Es ist anzunehmen, daß eine Ursache für diese Unterschiede in den klimatischen Verhältnissen liegt: der Oberflächenhorizont 1 hat sicher eine stärkere Wasserführung als 6 (das ganze Profil liegt im Bereich der täglich entstehenden Passatwolke; siehe S. 17), sodaß es hier gar nicht zur Ausbildung des 7Å-Halloysits, bzw. auch zur stärkeren Entwässerung der amorphen Fe-Hydroxide kommen konnte.

Hinsichtlich des ersten Auftretens von deutlich ausgebildeten Kristallisaten lassen sich über das gesamte Profil keine einheitlichen Aussagen machen. In der Fraktion $< 0,2 \mu$ treten jedenfalls häufig bereits gut erkennbare Kristalle – vor allem beim Saponit – auf. Auch der 7Å-Halloysit und etwas untergeordnet der 10Å-Halloysit finden sich manchmal schon in dieser Fraktion. Durchschnittlich aber tritt der Tonmineralbestand erst ab der Fraktion $<1\mu$ dominant in Erscheinung. Die Primärminerale dagegen erscheinen in der Fraktion $<2\mu$ zum letzten Mal, lediglich Hämatit (dessen Genese aber nicht immer eindeutig festzulegen ist) kommt auch noch in der $<1\mu$-Fraktion vor.

Beim Teilprofil B ist ein südlicher, stabiler Teil von einem nördlichen, abgeglittenen zu unterscheiden.

Im Süden konnte ebenfalls eine mehrphasige Eruptionsabfolge beobachtet werden:
1. Phase: Horizont 4 + 3 + 2 (+ 2₁)
2. Phase: Horizont 1

1. P h a s e : Aus dieser Phase stammt eine ungestörte Verwitterungssequenz einschließlich der Spaltenfüllung (2₁) im oberen Profilabschnitt. Hinsichtlich der Entstehung der Spalten ist am ehesten anzunehmen, daß es sich um klimatisch bedingte Trockenrisse handelt. An Primärmineralen konnten in sämtlichen Horizonten dieser

Abfolge vorherrschend Magnetit (+ Hämatit) und Sanidin festgestellt werden; Olivin und Pyroxen treten in geringeren Mengen auf und nehmen zum Hangenden hin eindeutig ab; im Material der Spaltenfüllung finden sie sich überhaupt nur mehr als Pseudomorphosen.

2. P h a s e : Dieser Eruptionsphase wird lediglich Horizont 1 zugeordnet. In diesem ist es zu einer besonders starken Anreicherung von Sanidinkristallen gekommen, sodaß es möglich war, hier eine absolute Altersbestimmung (K-Ar-Methode) durchzuführen. Nach den Angaben von G. FERRARA (Pisa) haben diese Sanidine ein Alter von 1,25 Mio. Jahren. Da diese Sanidine aber offenbar aus tieferen Nebengesteinsschichten stammen (siehe S. 73), ist in bezug auf das Alter des Verwitterungsprofils leider keine genaue Datierung möglich.

Im nördlichen, abgeglittenen Teil konnte nur eine einzige Phase in der durchgehenden Verwitterungssequenz mit den Horizonten 7 + 6 + 5 festgestellt werden. Das Muttergestein (7) aus dieser Abfolge besitzt eine feinkörnige Grundmasse aus hauptsächlich Sanidin und Magnetit. Komponenten mit genau der gleichen Zusammensetzung und gleichem Gefüge finden sich als Einschlüsse in Horizont 1, aus dem die Altersbestimmungen stammen. Es wäre demnach möglich, daß die 1,25 Mio. Jahre dem Horizont 7 zuzuordnen sind.

Hinsichtlich der Bildung von Sekundärmineralen gilt hier das gleiche wie in Teilprofil A; auch hier herrscht eindeutig Halloysit vor. Saponit dagegen findet sich in wesentlich geringerer Menge. Ein auffallender Unterschied zwischen stehengebliebenem und abgeglittenem Profilteil ergibt sich hinsichtlich des Auftretens von 7Å- und 10Å-Halloysit. Im abgeglittenen Abschnitt herrscht in ungewöhnlicher Weise 7Å-Halloysit – also die entwässerte Form – vor. Möglicherweise ist das auf Drainagewirkung durch den nördlich gelegenen Bacheinschnitt zurückzuführen. Eine Parallelität dazu ergibt sich auch bezüglich der Fe-Oxide. Hämatit erscheint ausschließlich im Muttergestein (7) des abgeglittenen Profils, in den darüberliegenden Horizonten findet sich nur Goethit.

In den südlich angrenzenden Schichten dagegen tritt (mit Ausnahme von Horizont 1) stets Hämatit auf. Die Goethitbildung im nördlichen Abschnitt könnte mit einer besseren Durchlüftung dieser Schichten, ebenfalls bedingt durch den Bacheinschnitt, zusammenhängen. Auf eine bevorzugte Goethitentstehung durch Alterung infolge steigendem O_2-Partialdruck bei gleichen Eisenkonzentrationen wies U. SCHWERTMANN (1959) hin.

Profil 2: Mña Tabaiba
(Mña del Aire)

Morphologie und Klima

Profil 2 liegt im NE der Insel unmittelbar südlich der Landepiste des Flughafens Los Rodeos. Die Mña Tabaiba (oder Mña del Aire) ist ein weithin sichtbarer, stellenweise noch gut erhaltener Vulkankegel, der sich deutlich aus der weiten Hochfläche von La Laguna heraushebt, die ihre Entstehung einem ehemaligen See verdankt. Allerdings wird hier intensiv abgebaut (1971), da sich das Material leicht lösen läßt und offenbar für den Unterbau von Straßen in nicht frostgefährdeten Gebieten gut geeignet ist. Es ist daher nicht abzusehen, wie lange der Vulkankegel in seiner heutigen Form noch erhalten bleibt.

Die Seehöhe der Vulkanspitze beträgt 720 m.

Klimatisch befindet sich auch dieses Profil in der feuchten Lorbeerwaldzone. Die Passatwolke bildet sich regelmäßig jeden Vormittag und gerade in dieser Gegend (W von La Laguna) gibt es für Tenerife ungewöhnlich viele Regentage. Der durchschnittliche Jahresniederschlag beträgt 750 mm, die mittlere Jahrestemperatur 12° C, die mittlere Julitemperatur 22° C.

Geologie

Nach der Geologischen Karte 1:50.000 (Region Santa Cruz de Tenerife y San Andres) gehört die Mña Tabaiba zur „Serie basaltica III", die gerade in diesem Teil der Insel stark verbreitet ist und hier von der N- bis zur S-Küste reicht.

Das Gebiet westlich von La Laguna ist allerdings zum Großteil von „arcillas" bedeckt, wobei es sich hier offenbar um tonige Ablagerungen eines ausgedehnten ehemaligen Sees handelt.

Die Profilstelle selbst liegt aber ausschließlich in pyroklastischen Gesteinen eines Adventivkraters, wie sie hier in großer Zahl auftreten.

Abb. 58

Aufbau der Verwitterungsprofile

Bei den Abbauarbeiten wurde innerhalb der Mña Tabaiba ein zweiter Vulkankegel freigelegt, dessen Zentrum gegenüber dem äußeren allerdings etwas nach E verschoben ist. Wir finden hier also zwei Schlackenvulkane, wobei der ältere, kleinere (A) in einer späteren Ausbruchsphase asymmetrisch wieder hauptsächlich von Pyroklastiten (B) überlagert wurde (Abb. 58).

Aus der Skizze (Abb. 59) ist die Position der einzelnen untersuchten Horizonte in den Teilprofilen A, B und B' ersichtlich:

Teilprofil A: In basaler Lagerung findet sich ein dunkelgrauer bis rötlicher Schlackentuff (8_1), der nach oben in hellere graubraune Schichten übergeht (7_1). Darüber liegt, mit scharfer Grenze abgesetzt, ein in den unteren Partien brauner Horizont (6_1), der nach einer Übergangsschicht (5_1) an der Oberkante durch Frittung einen rotlehmartigen Charakter angenommen hat (4_1). Ebenfalls deutlich abgegrenzt folgt dann eine wieder sehr dunkle pyroklastische Serie (3_1). In ihr kommt es an der Oberkante zu einer ersten schwachen Bodenbildung (2_1), die in einen braunen, gefleckten Horizont (1_1) übergeht.

Teilprofil B: Die Ablagerungen der jungen Eruptionsphase beginnen mit einem hellen, gelblichbraunen Horizont, der sich deutlich um den ganzen Krater herum verfolgen läßt (10); auch an seiner Oberkante ist ganz schwach das Einsetzen einer Bodenbildung zu beobachten (9). Darüber folgen zwei braune Horizonte mit verschieden intensiver rötlicher Fleckung (8, 7). Der nächsthöhere Horizont ist dagegen vorwiegend rötlich mit braunen Flecken (6). Dann kommt eine rote Bodenschicht mit auffallend hohem Tongehalt, z. T. ist sie plastisch (5); darüber ein roter Boden mit starker Mn-Oxid-Anreicherung (4). Im nächsten Horizont, ebenfalls rot mit Mn-Oxid-Anreicherung, findet sich ein blockiger Zerfall (3), während die darüberliegenden Schichten (rot, ohne Mn-Oxid) mehr plattige Formen zeigen (2). Das Hangende bildet darüber ein, offenbar durch Erosion freigelegter, fossiler Boden – rot mit hellen, gelblichweißen Einschlüssen (1).

Am Westrand des Kraters ist die Erosion offensichtlich weniger wirksam gewesen, bzw. ist durch die Überlagerung mit einem jungen Basalterguß das Profil in kompletter Form erhalten geblieben (Teilprofil B'): Hier beginnt die Abfolge mit einem intensiv braunen Horizont (6'), der in seinen oberen Partien besonders stark verwittert und fleckig erscheint (5'). Darüber liegt eine rotlehmartige Schicht mit Mn-Oxid-Belägen und blockig-prismatischem Zerfall (4'). Es folgt eine sehr helle, gelblichweiße Lage (3'), die sich an dieser Seite des Kraters weithin verfolgen läßt. Auf ihr liegt noch einmal ein schmaler rotlehmartiger Horizont (2'), weißfleckig mit Mn-Oxid-Belägen, der schließlich von einem geringmächtigen jungen Basalterguß überlagert wird (1').

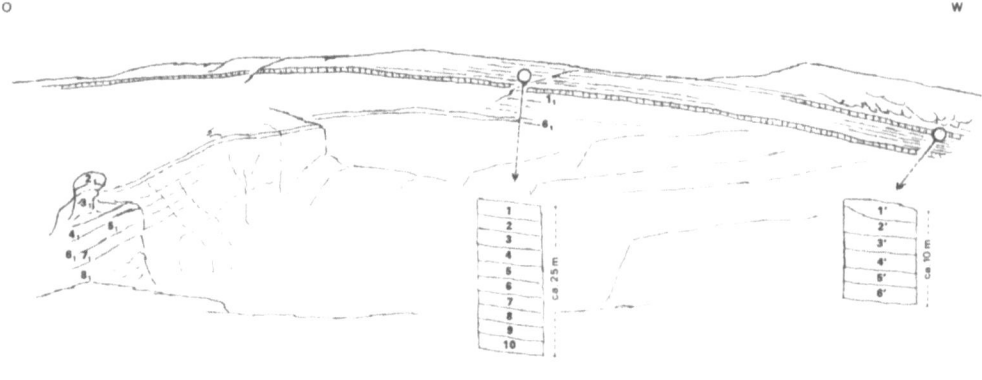

Abb. 59

In dieser Abfolge ergeben sich horizontweise bestimmte Parallelitäten zur vorher beschriebenen (2' ≈ 1, 4' ≈ 3, etc.). Daß sie nicht überhaupt gleichgestellt werden können, ist darauf zurückzuführen, daß infolge der unterschiedlichen Tiefenlage (bedingt durch den Erosionsschutz der Basaltkappe) die Bodenentwicklung nicht ganz gleichartig verlaufen ist.

Für die beiden übereinanderliegenden Schlackenvulkane ergibt sich somit folgende Abfolge:

Horizont	Farbe an der Fließgrenze	
1'	10 YR 3/2 – 3/3	sehr dunkel graubraun
2'	7,5 YR 4/4	braun bis dunkelbraun
3'	7,5 YR 5/6	stark braun
4'	7,5 YR 4/4	braun bis dunkelbraun
5'	10 YR 3/4	dunkel gelblichbraun
6'	7,5 YR 4/4	braun bis dunkelbraun
1	5 YR 4/4	rötlichbraun
2	2,5 YR 3/4	dunkel rötlichbraun
3	5 YR 4/6	gelblichrot
4	5 YR 4/4	rötlichbraun
5	7,5 YR 4/4	braun bis dunkelbraun
6	7,5 YR 3/2	dunkelbraun
7	7,5 YR 4/4	braun bis dunkelbraun
8	5 YR 4/4 – 7,5 YR 4/4	rötlichbraun bis braun
9	5 YR 4/4	rötlichbraun
10	5 YR 4/3	rötlichbraun
1_1	5 YR 4/6 – 5/6	gelblichrot
2_1	10 YR 4/3	dunkelbraun
3_1	5 YR 2/2 – 2/3	dunkel rötlichbraun
4_1	5 YR 4/6 – 4/8	gelblichrot
5_1	5 YR 3/4 – 7,5 YR 4/4	dunkel rötlichbraun bis dunkelbraun
6_1	7,5 YR 4/4	braun bis dunkelbraun
7_1	2,5 YR 3/6	dunkelrot
8_1	2,5 YR 2/4	dunkel rötlichbraun

Teilprofil A

Mineralogie und Petrographie

Die folgende Beschreibung der einzelnen Horizonte entspricht innerhalb der Sequenzen der zeitlichen Abfolge:

Horizont 8_1

Der Horizont besteht aus stark durchgasten, dunkelgrauen bis rötlichen Schlackentrümmern, die häufig mit weißen Kieselsäureausscheidungen verkrustet sind. In der hohlraumreichen Schlacke stecken bis 6 mm große, gut erhaltene Pyroxenporphyroblasten.

Im Dünnschliffbild (Abb. 60) erkennt man in der noch durchwegs frischen, glasigen Grundmasse Plagioklas und große Porphyroblasten von Olivin und Pyroxen. Die Olivine sind bereits angewittert und zeigen vor allem entlang der Spaltrisse braune Fe-Oxid-Ausscheidungen. Die Pyroxene sind durchwegs besser erhalten. Häufig führen sie Einschlüsse von idiomorphen Magnetitkörnern. Die Krustenbildungen erweisen sich bei mikroskopischer Betrachtung als sehr inhomogen, Komponenten sind Quarz, Feldspat, Fe-Oxide und vielleicht auch Karbonat. Ein Zusammenhang zwischen Schlacke und Kruste besteht nicht, da nirgends Übergänge beobachtet werden konnten. Das Krustenmaterial dürfte demnach lateralsekretorisch eingewandert sein und hier offenbar die besten Milieubedingungen zur Auskristallisation gefunden haben.

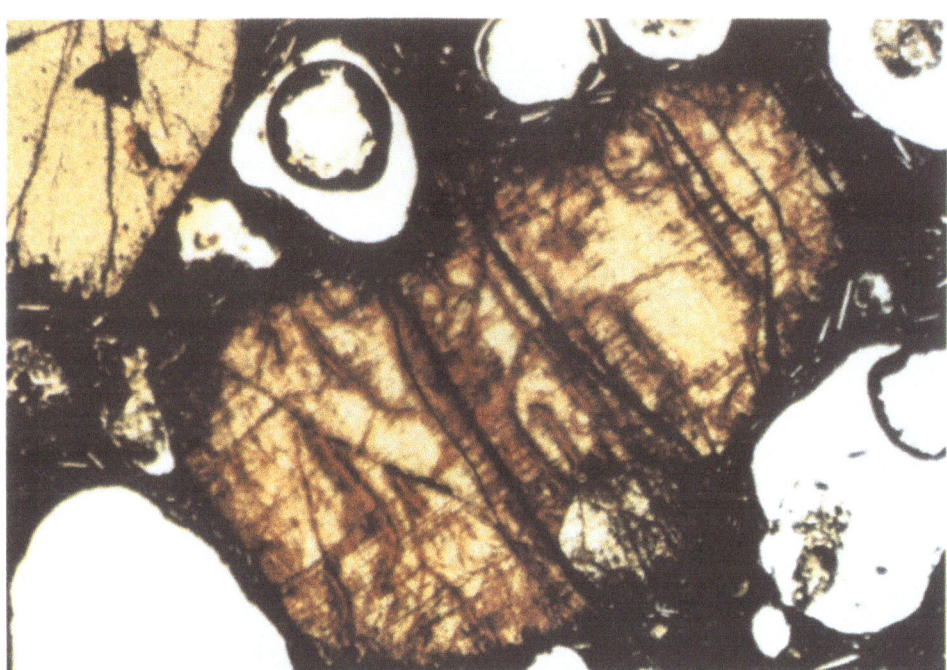

Abb. 60, Vergr. 40x

RDA

In der Übersichtsaufnahme dominieren Diopsid und basischer Plagioklas (Labrador); weiters finden sich Magnetit, Hämatit und untergeordnet Olivin.

In der Fraktion < 20 μ hat sich die Zusammensetzung insofern verändert, als Olivin und Magnetit verschwunden sind, dafür aber Goethit in Spuren auftritt.

Die Fraktion < 2 μ zeigt fast keine Reflexe mehr, lediglich Ansätze zur Kristallisation von Tridymit konnten festgestellt werden.

TABELLE III

Horizont	Gesamtübersicht	Fraktion <20μ	<2μ	<1μ	<0,2μ
1_1	●● ◗	●● ◗	●● ○	●●● ○ ☐	●● ○
2_1	■ ●● ○	●● ○	●●● ○○	●●● ○○○	●● ○
3_1	■ ▼▼▼ ▶▶	▼▼ ▶ ◗	▲		
4_1	■ ▼▼▼ ◆◆◆ ▶ ◁◁	▼▼ ◆◆ ▷ ◗ △	● ◗ ◁◁◁	●◗ ◁◁	◁
5_1	■ ▼▼▼ ◆◆ ▶ ●	■ ▼▼ ◆◆ ▶	●●	●	●
6_1	▼▼▼ ◆◆◆ ●●	▼▼▼ ◆◆◆ ●●	●●● ○	●●● ○	●●● ○
7_1	■■ ☐☐ ▼▼▼▼ ▶▶▶ ◀	☐ ▼▼▼ ▶▶ ●	● ◗		
8_1	■■ ☐☐ ▼▼▼ ▶▶▶▶ ◀	☐☐ ◇ ▼▼ ▶▶▶▶	▲		

R E M

Abb. 61 zeigt in der Grundmasse die Bruchstücke eines Olivinporphyroblasten. Die EDAX-Analyse ergab ausschließlich Si, Fe und Mg.

82

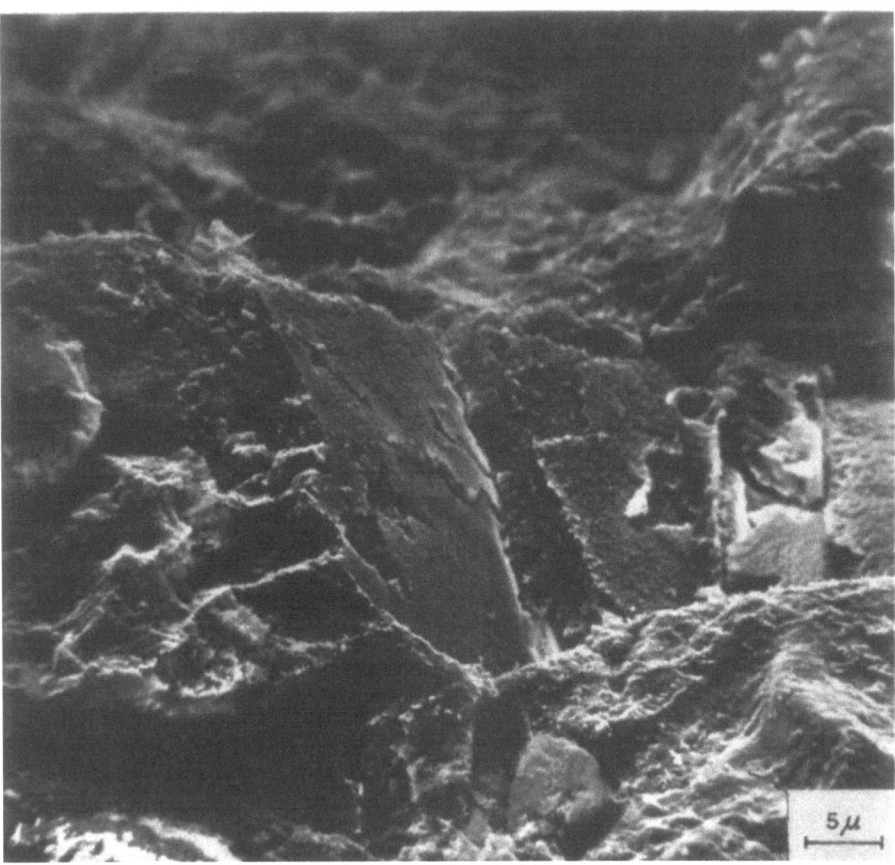

Abb. 61, Vergr. 2k

Horizont 7₁

Dieser Horizont geht allmählich aus dem unterlagernden 8₁ hervor, indem die Farben heller, graubraun werden und auch die Zerlegung etwas stärker wird, sodaß hier die Schlacken durchwegs in kleinerer Korngröße vorliegen. Das Gefüge und die makroskopisch erkennbare mineralogische Zusammensetzung zeigt keine Unterschiede zu 8₁; nur bei den Pyroxenen scheint eine stärkere Zerlegung eingetreten zu sein.

Im Dünnschliff erkennt man, daß auch die glasige Grundmasse der Schlacken bereits stark zersetzt ist (doppelbrechend, braune und rötliche Farben). An den Rändern der Blasenräume ist es zur Anlagerung hellbrauner Neubildungen gekommen.

Um die Olivinporphyroblasten hat sich ein opaker Saum aus Fe-Oxiden gebildet, im Innern ist es zu einer schichtweisen Auflösung gekommen, wobei die einzelnen Verwitterungseinheiten in scharf begrenzte Felder geteilt sind.

RDA

Die Übersichtsaufnahme zeigt die gleiche Zusammensetzung wie 8₁ – vorherrschend Diopsid und basischer Plagioklas, gefolgt von Magnetit, Hämatit und geringen Mengen Olivin.

In der Fraktion < 20 μ sind Magnetit und Olivin verschwunden, auch der Diopsidgehalt ist zurückgegangen, und als erste Neubildung erscheinen geringe Mengen von 10 Å-Halloysit.

Die Fraktion < 2 μ zeigt nur mehr Sekundärminerale: etwas 10 Å-Halloysit und in Spuren 7 Å-Halloysit.

REM

Abb. 62 zeigt einen porphyroblastischen Einschluß (Diopsid?) in der Grundmasse mit wulstförmigen Ansätzen zu Neubildungen.

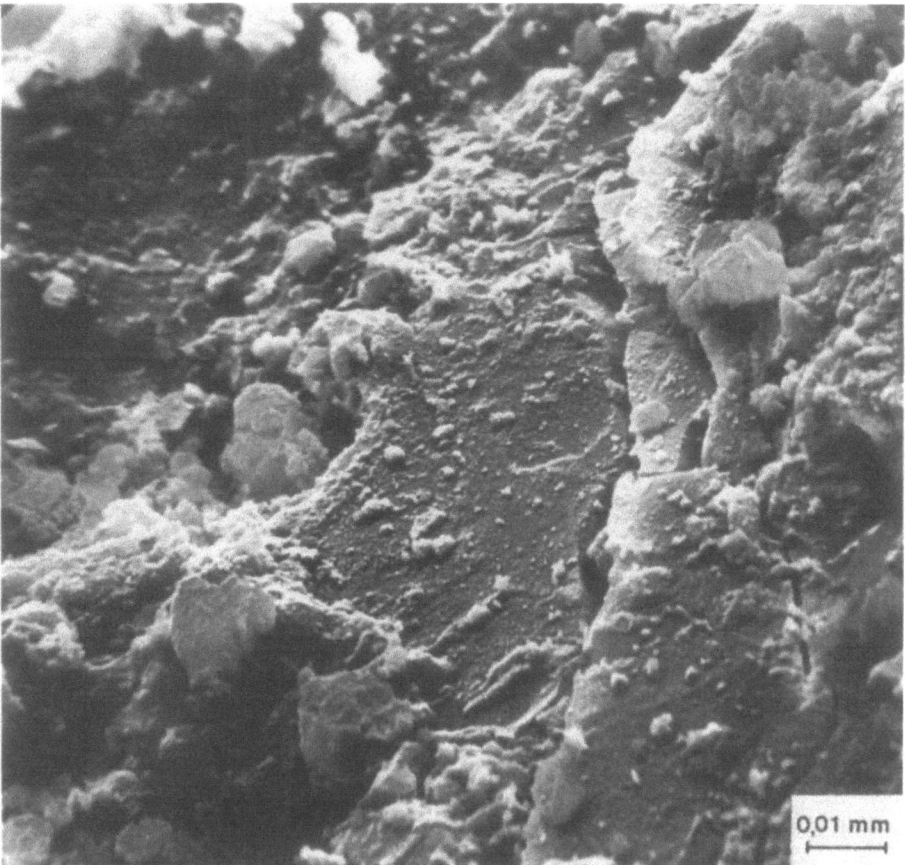

Abb. 62,
Vergr. 1k

Horizont 61

Dieser hellbraune Horizont zeigt schon makroskopisch einen inhomogenen Aufbau: in der relativ dichten Grundmasse stecken rotbraune, hohlraumreiche Schlackentrümmer und schwarze, noch gut erhaltene bzw. rötlichbraune, stark verwitterte Minerale, die mit freiem Auge nicht zu bestimmen sind.

Auch das Dünnschliffbild (Abb. 63) zeigt eine sehr dichte Grundmasse mit zahlreichen Einschlüssen.

Völlig zersetzt und nur mehr als dunkelbraune Fe-Oxid-Reste erscheinen die ehemaligen Olivinporphyroblasten, während die Pyroxene in unterschiedlichen Verwitterungsstadien vorliegen. Häufig kommt es bei ihnen zu einer randlichen Auffaserung mit Anreicherung von Fe-Oxiden und partieller Isotropisierung. Auffallend ist, daß auch um die Plagioklaseinschlüsse in der Grundmasse eine Fe-Oxid-Anreicherung stattgefunden hat. Möglicherweise werden dadurch die Minerale einer weiteren Reaktion entzogen.

Dasselbe dürfte für einen Großteil der Schlackentrümmer zutreffen: sie zeigen ebenfalls einen schmalen, scharf begrenzten Fe-Oxid-Rand, die Feldspäte und Pyroxene im Innern sind relativ frisch erhalten geblieben.

RDA

In der Übersichtsaufnahme überwiegt basischer Plagioklas und Quarz*, untergeordnet erscheint 10 Å-Halloysit.

---

* Der Quarzreichtum in diesem sowie in den beiden überlagernden Horizonten kann nur durch äolischen Transport vom afrikanischen Festland her erklärt werden, da es in Tenerife keine quarzführenden Gesteine gibt (siehe auch E. F. CALDAS und B. SCHWAIGHOFER, 1974). Das bedeutet, daß diese Horizonte längere Zeit ohne Überlagerung an der Oberfläche gelegen sein müssen, damit es zu einer so intensiven Einwehung kommen konnte.

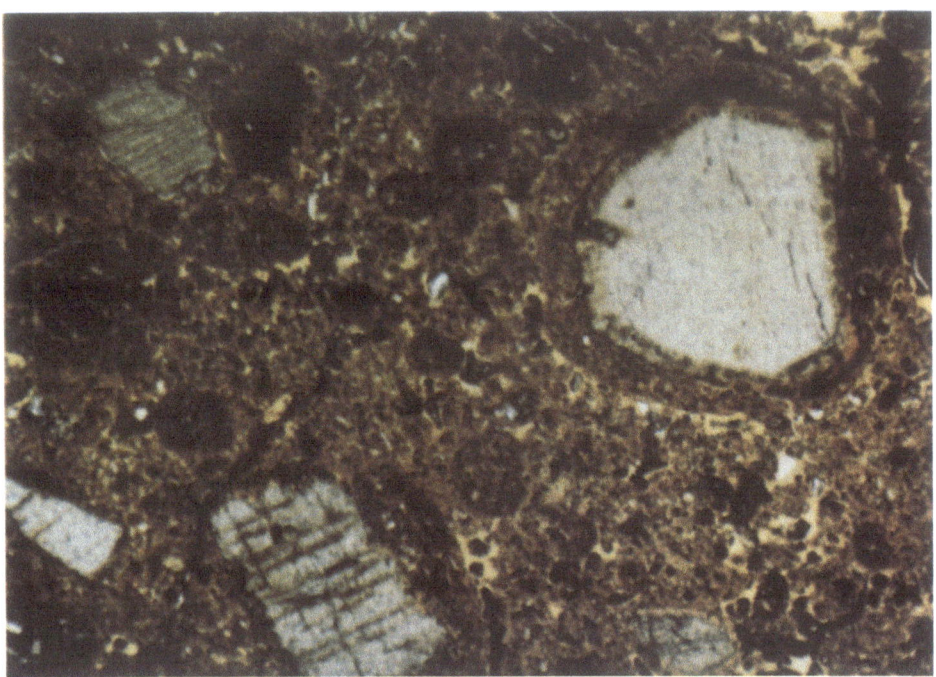

Abb. 63, Vergr. 25x

Die Fraktion < 20 µ zeigt genau die gleiche Zusammensetzung.
In der Fraktion < 2 µ sind Quarz und Feldspat verschwunden, neben 10 Å-Halloysit finden sich auch geringe Mengen von 7 Å-Halloysit.
Die Fraktionen < 1 µ und < 0,2 µ zeigen in völlig unveränderter Form das gleiche Bild.

Abb. 64. Vergr. 2k

REM

Auf Abb. 64 erkennt man in stark durchgasten Schlackenbruchstücken einen idiomorphen Titanaugit; die EDAX-Analyse ergab vorherrschend Si, weiters Fe, Al und

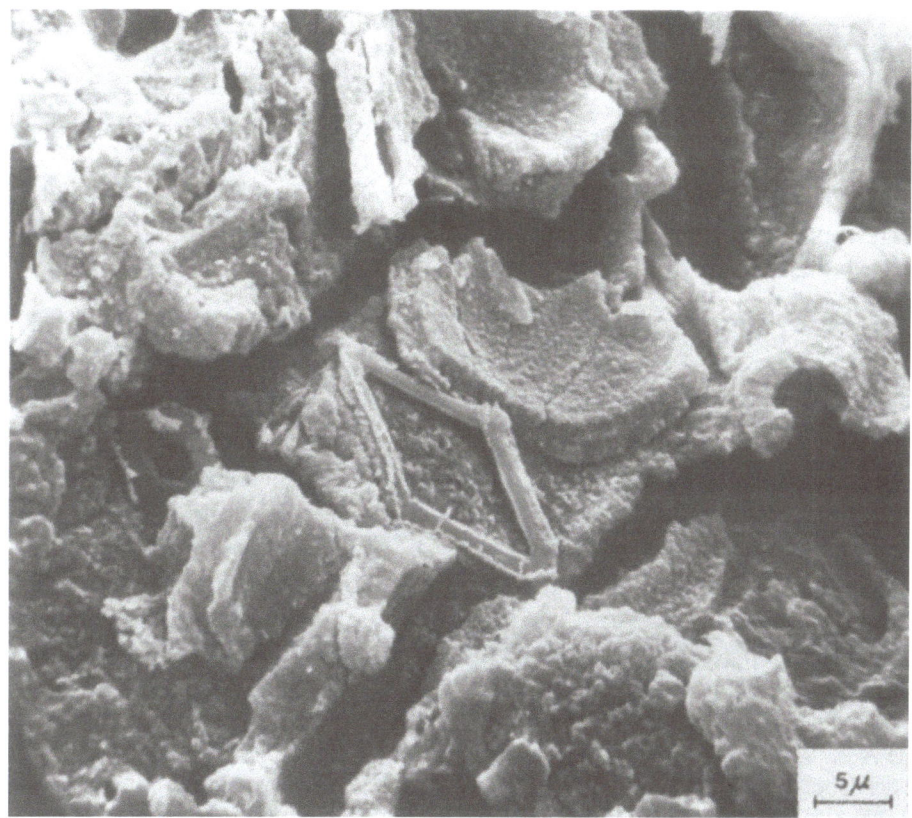

Abb. 65, Vergr. 2k

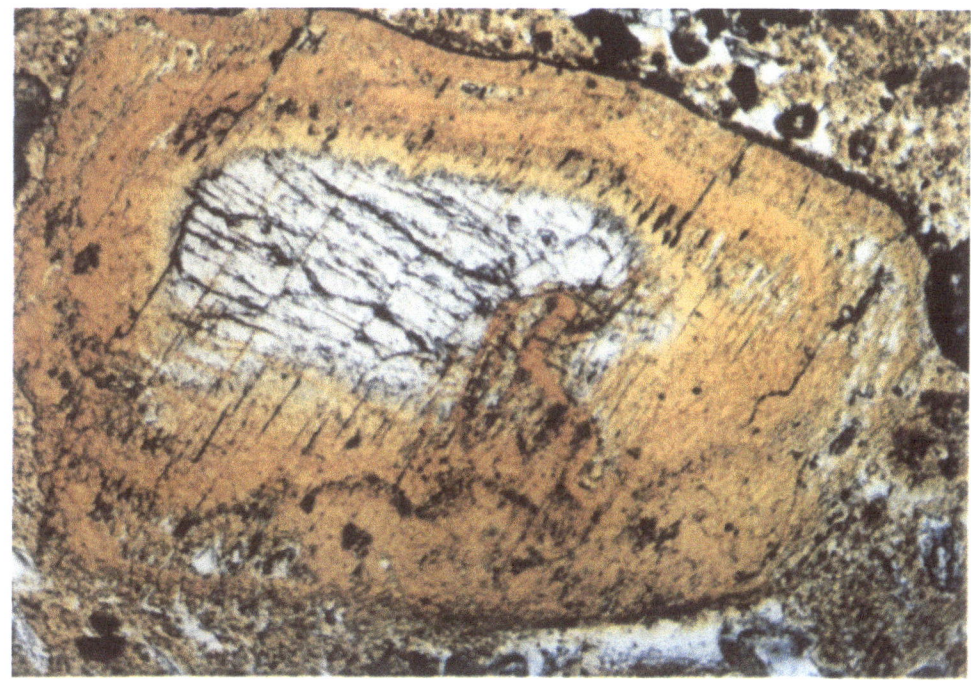

Abb. 66, Vergr. 100x

Ti. Durch die verwitterungsbedingte Auflösung sind im Innern des Kristalls Hohlräume entstanden, während der äußerste Rand einen offenbar stabileren Rahmen bildet. Die idiomorphe Kristallform wird aber auch im Innern durch gut erhaltene Skeletteile nachgezeichnet. Auf Abb. 65 findet sich als Einschluß in zerbrochenen Schlackentrümmern ein ebenfalls idiomorpher Titanaugit. Auch hier ist ein stabiler Rahmen übrig geblieben, während die Mineralsubstanz vollständig aufgelöst wurde.

Horizont 5₁

Dieser braune Horizont zeigt keine wesentlichen Unterschiede zur unterlagernden Schicht 6₁, er ist nur etwas dünkler; makroskopisch sind kaum noch Schlackenkomponenten festzustellen, und auch von den Olivin-Porphyroblasten ist offenbar noch weniger erhalten als in 6₁. Dagegen sind die schwarzen Pyroxeneinschlüsse (Kg. bis 5 mm) weiterhin deutlich zu erkennen.

Im Dünnschliff findet man in einer dichten Grundmasse zahlreiche Plagioklasleisten, Magnetitkörner, Pyroxene und Olivine in unterschiedlichen Zersetzungsstadien. Bei den Pyroxenen sind verschiedene Formen der Umwandlung zu beobachten. Auf Abb. 66 sieht man deutlich die von außen nach innen fortschreitende Verwitterung: um einen frischen Kern finden sich konzentrisch angeordnete Streifen unterschiedlicher Umwandlung; die hellbraunen Fe-Oxide erscheinen abwechselnd in dichten und aufgefaserten Lagen.

Bei Olivinporphyroblasten fanden sich in diesem Horizont wieder andere Randbildungen: das Mineralkorn selbst ist bereits vollständig in dunkle Fe-Oxide umgewandelt; in einem schmalen Reaktionsbereich mit der Grundmasse sind doppelbrechende, blättrig-stengelige Neubildungen entstanden.

RDA

In der Übersichtsaufnahme herrscht basischer Plagioklas vor, in kleineren Mengen folgen Quarz, Magnetit und Diopsid; auch 10 Å-Halloysit tritt bereits untergeordnet auf.

Die Fraktion < 20 μ zeigt genau die gleiche Zusammensetzung, nur der Feldspat ist etwas zurückgegangen.

In der Fraktion < 2 μ dagegen gibt es überhaupt keine Primärminerale mehr; es findet sich lediglich 10 Å-Halloysit. Das gleiche Bild zeigen die Diagramme der Fraktion < 1 μ und < 0,2 μ, wobei allerdings die Menge des 10 Å-Halloysits geringer ist.

REM

Abb. 67 zeigt die Auflösungsstrukturen auf einer Diopsidspaltfläche; bemerkenswert ist die lineare Anordnung der durch die Verwitterung entstandenen Löcher; bei den Spaltrißfüllungen dürfte es sich um verwitterungsresistenteres Material handeln, da sie sich als Grate aus der Spaltfläche hervorheben. Nach der EDAX-Analyse herrscht Si vor, gefolgt von Ca, weiters finden sich Fe, Al und in Spuren Mg.

Auf Abb. 68 erkennt man einen tafeligen Plagioklas als Einschluß in der Grundmasse. Im Vordergrund sind aus dieser Grundmasse zapfenförmige bzw. stengelige segmentierte Neubildungen aufgewachsen, bei denen es sich offenbar um verschiedene Entwicklungsstadien der Halloysit-Kristallisation handelt.

87

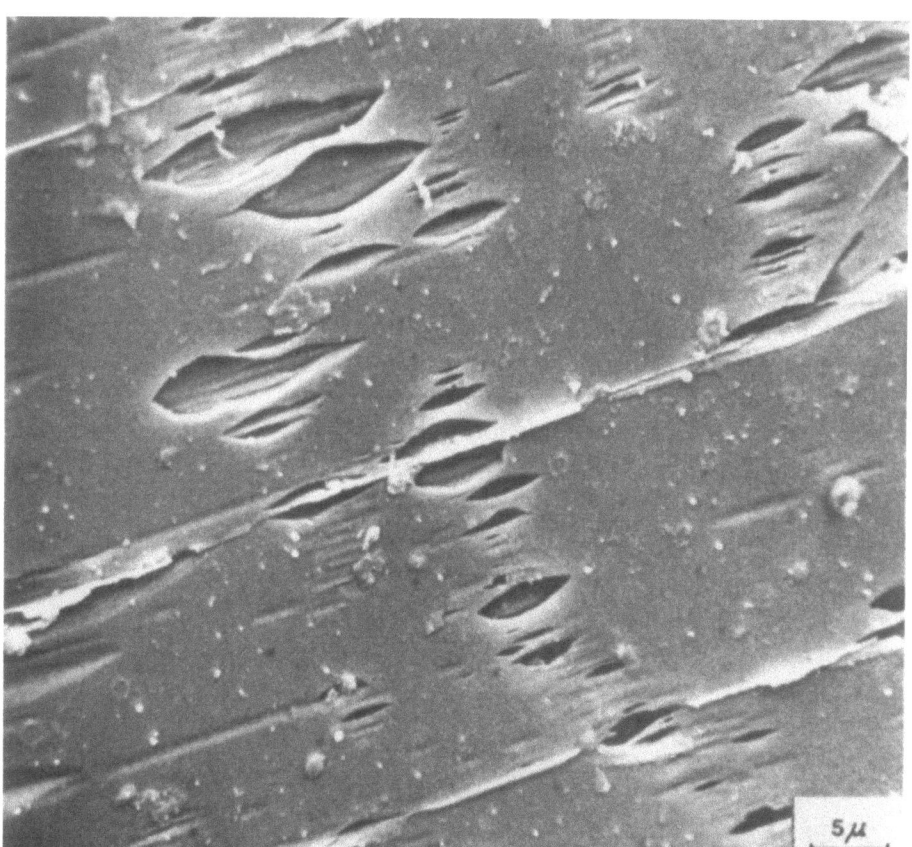

Abb. 67,
Vergr. 2k

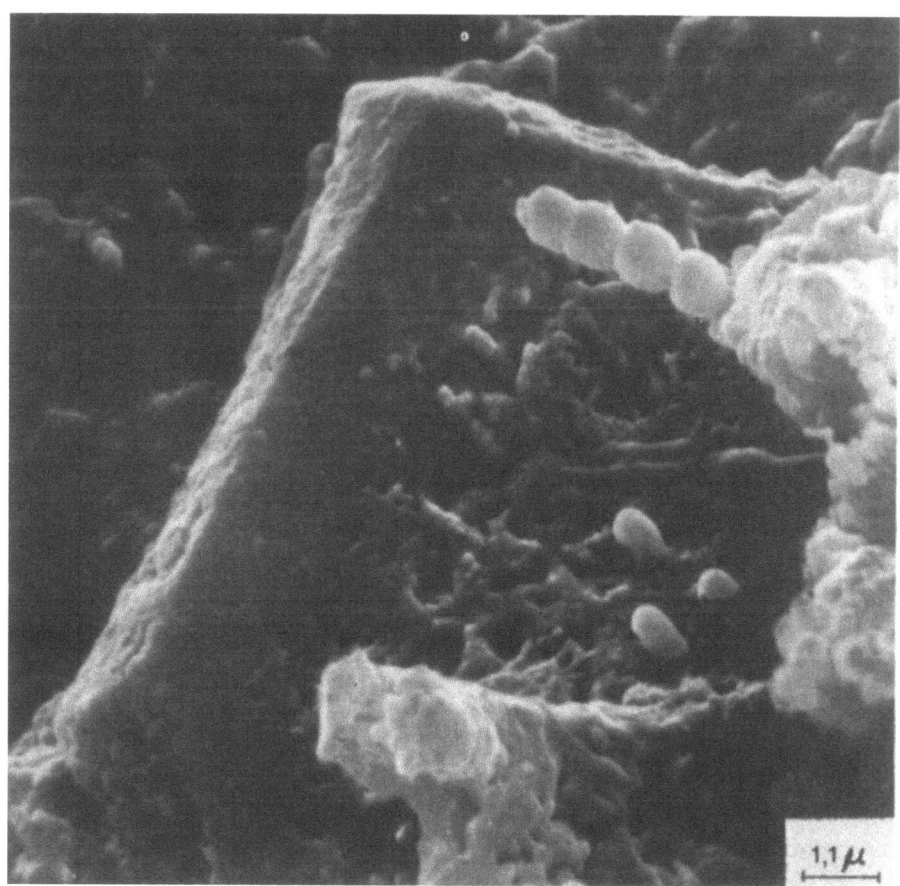

Abb. 68,
Vergr. 9k

Horizont 4₁

Bei diesem hellen, gelblichroten Horizont handelt es sich um die hangendste Lage der Serie, die mit 6₁ eingesetzt hat. Die relativ grellen Farben sind sicher auf Frittungen durch die überlagernden Schlacken zurückzuführen. Auch in 4₁ sind makroskopisch noch gut Schlackentrümmer und einige wenige Einzelminerale in einer dichten Grundmasse zu erkennen.

Im Dünnschliff (Abb. 69) erkennt man, daß in diesem Horizont auch die ursprünglich glasigen Schlackenkomponenten stark zersetzt sind: die Grundmasse ist doppelbrechend und durch unterschiedlich intensive Eisenanreicherung ist es zu fleckiger Färbung gekommen; sämtliche Hohlräume zeigen eine randliche Auskleidung mit neugebildeten Mineralen; um die Hohlräume ist es in der Grundmasse zu einer Konzentration der Fe-Oxide gekommen. Auch zahlreiche Pyroxeneinschlüsse (vor allem Diopsid) sind von dunkelbraunen Fe-Oxid-Kränzen umgeben; die Titanaugite dagegen zeigen keinen Fe-Oxid-Saum, sondern eine felderweise, den idiomorphen Umrissen entsprechende Anreicherung gelblichbrauner Fe-Oxide im Innern. Die Plagioklasleisten und Magnetitwürfel sind noch völlig unversehrt.

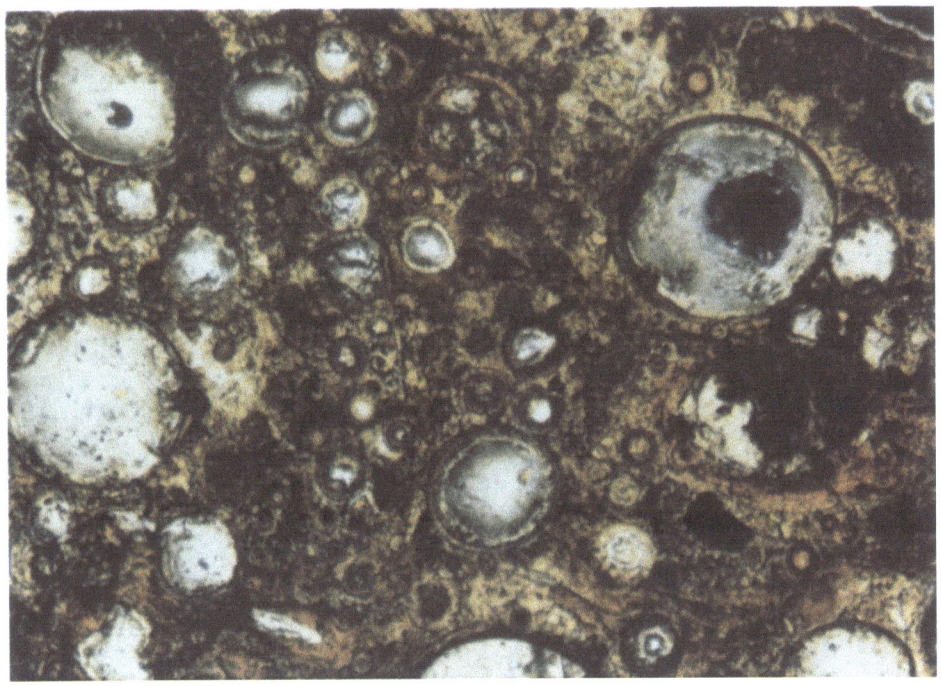

Abb. 69, Vergr. 130x

R D A

In der Übersichtsaufnahme herrschen basischer Plagioklas und Quarz vor; es folgen Saponit und in kleineren Mengen Magnetit und Diopsid.

In der Fraktion < 20 μ ist Quarz gleichgeblieben, der Plagioklasgehalt aber zurückgegangen; daneben treten wieder Saponit und Diopsid und ganz untergeordnet auch bereits die Neubildungen 10 Å- und 7 Å-Halloysit auf.

Die Fraktion < 2 μ dagegen zeigt nur mehr Sekundärminerale, und zwar hauptsächlich Saponit, 10 Å- und 7 Å-Halloysit nur in geringen Mengen.

Die gleiche Zusammensetzung findet sich in der Fraktion < 1 μ.

Bei < 0,2 μ erscheint lediglich Saponit und auch der ist stark zurückgetreten.

R E M

Bei den Untersuchungen am Rasterelektronenmikroskop konnte das Schlackengefüge auch noch im Kleinbereich festgestellt werden. Krustenbildungen bestehen nach der EDAX-Analyse durchwegs aus Si, Fe, Al und Ti.

Horizont 3₁

Mit dieser Schicht setzt über dem Frittungshorizont 4₁ eine neue Serie von Pyroklastiten ein. Dabei handelt es sich um durchaus frische, dunkelgraue bis schwarze Schlacken, die nur an einigen Stellen der Oberfläche und in Hohlräumen braune Verwitterungskrusten zeigen.

Im Dünnschliff (Abb. 70) erkennt man ebenfalls den guten Erhaltungszustand: in der frischen glasigen Grundmasse stecken als idiomorphe Einsprenglinge Plagioklas und

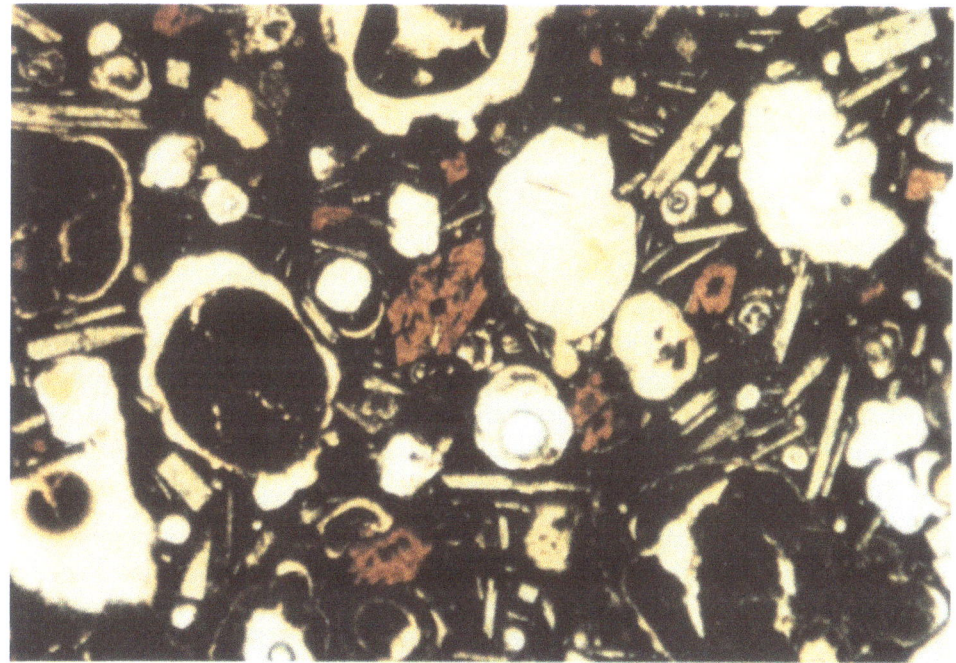

Abb. 70, Vergr. 40x

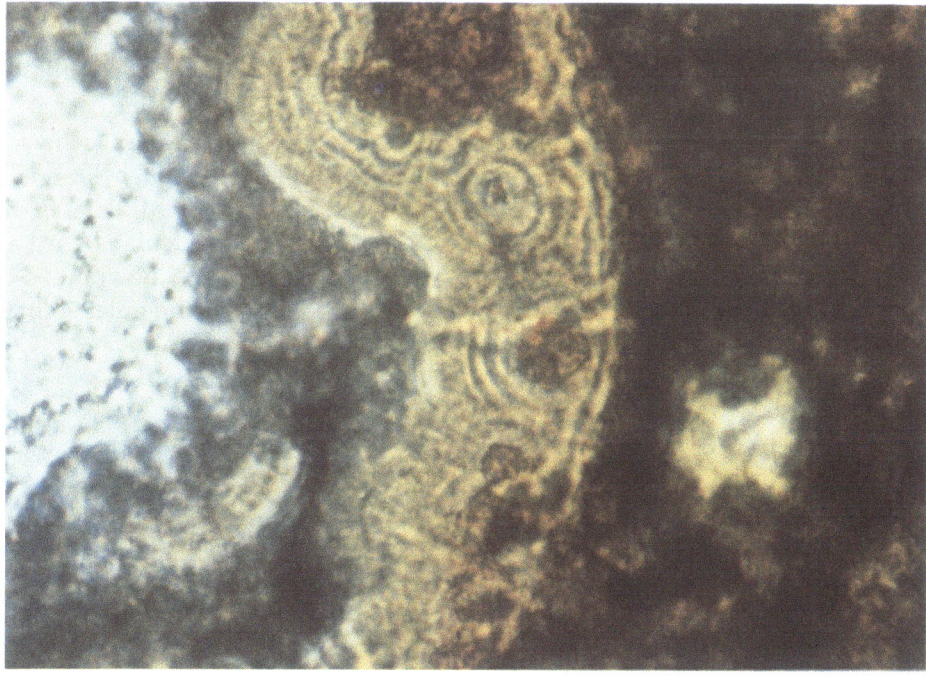

Abb. 71, Vergr. 400x

Pyroxen; einige Blasenräume sind mit dunkelbraunen Verwitterungssubstanzen teilweise gefüllt.

RDA

Auch in der Röntgenanalyse zeigt sich, daß hier eine neue Serie einsetzt, in der kein Quarz vorkommt; in der Übersichtsaufnahme finden sich basischer Plagioklas, Diopsid und Magnetit.

In der Fraktion < 20 µ treten – allerdings in wesentlich geringeren Mengen – ebenfalls noch basischer Plagioklas und Diopsid auf; Magnetit ist verschwunden, dafür erscheinen Spuren von 7 Å-Halloysit.

Bei der Fraktion < 2 µ konnten kaum mehr Reflexe festgestellt werden, höchstens in Spuren könnte Tridymit (?) vorhanden sein.

REM

Nach der EDAX-Analyse bestehen die Krusten in diesem Horizont hauptsächlich aus Fe, Si, Al und Mn, untergeordnet treten noch Ti und Ca auf. Neubildungen konnten in diesen Partien nicht beobachtet werden.

Horizont 2_1

Mit diesem Horizont setzt auch in der jüngeren pyroklastischen Serie eine schwache Bodenbildung ein. Das Material zeigt zwar noch deutlich Schlackenstruktur, hat aber seine dunkle Farbe völlig verloren; es ist braun, gelb und rötlich gefleckt; in den Blasenräumen erscheinen dunkle (Mn-Oxid?-)Überzüge.

Auch im Dünnschnitt wird die weit fortgeschrittene Verwitterung deutlich: hohlraumreiche Schlackengrundmasse mit völlig umgewandelten Olivinporphyroblasten; die ehemals glasige Grundmasse ist zersetzt und die Hohlräume sind verschieden intensiv mit Sekundärmineralen gefüllt. Diese Sekundärbildungen sind sehr unterschiedlich.

Stellenweise findet man Hohlraumauskleidungen in vier konzentrisch angeordneten Schichten: nur direkt am Kontakt mit der glasigen Grundmasse liegen doppelbrechende Substanzen (Tonminerale), darüber in unterschiedlicher Intensität rhythmisch ausgefällte Fe-Oxide; radial können einige Schrumpfungsrisse auftreten.

Bei einer anderen Art der Hohlraumauskleidung dominieren farblose doppelbrechende Substanzen, die ebenfalls in konzentrischen Schalen übereinander gelagert sind. Fe-Oxide treten stark zurück und erscheinen nur am Kontakt mit der Grundmasse. Eine weitere Form von Neubildungen stellt Abb. 71 dar:

Hier sind nicht durchgehend konzentrische Lagen entstanden, sondern von einzelnen Kristallisationskeimen ausgehend kam es zur rhythmischen Ausfällung übereinanderliegender Schichtpakete. In den einzelnen Schichten ist eine radial-faserige Struktur zu beobachten; offenbar dominiert Chalzedon, der nur schwach von Fe-Oxiden infiltriert wurde. Die Kristallisationskeime sind wesentlich Fe-reicher; sie sind als erste Bildungen direkt aus der Glassubstanz abzuleiten. Mit diesen Formen können die Hohlräume teilweise oder vollständig gefüllt sein. Jedenfalls wird aus den verschieden gestalteten Neubildungen klar, daß es offensichtlich völlig von den Milieubedingungen im Kleinbereich abhängt, mit welchen Sekundärmineralen die Blasenräume ausgekleidet sind.

RDA

Schon in der Übersichtsaufnahme erscheint von den Primärmineralen nur Magnetit, und auch der ist schwach vertreten; es überwiegt 10 Å-Halloysit, gefolgt von 7 Å-Halloysit.

Die Fraktion < 20 µ führt nur die Sekundärminerale 10 Å- und 7 Å-Halloysit.

Die gleiche Zusammensetzung zeigen die < 2 µ-, < 1 µ- und < 0,2 µ-Fraktionen, jedoch sind die Minerale in den Fraktionen < 2 µ und < 1 µ am besten ausgebildet, wie sich aus den Refraktionsdiagrammen ergibt.

REM

Auf Abb. 72 erkennt man einen stark aufgelösten porphyroblastischen Einsprengling, bei dem es sich wahrscheinlich um einen ehemaligen Pyroxen handelt.

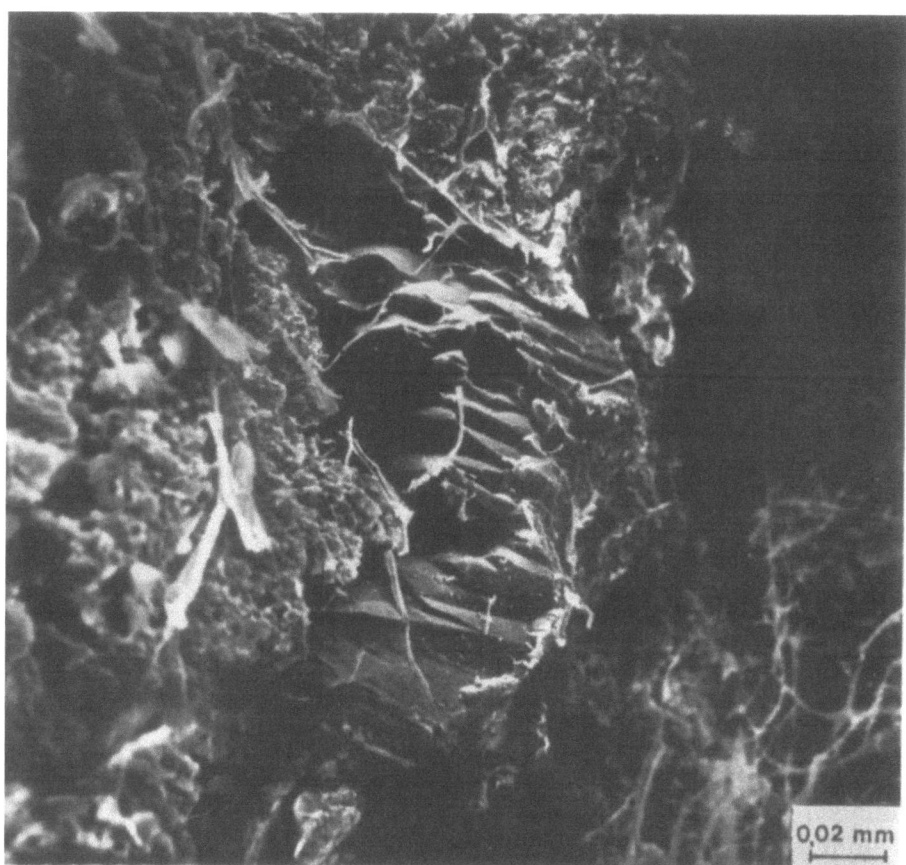

Abb. 72, Vergr. 500x

Bemerkenswert sind vor allem die Neubildungen, die sich im Hintergrund und z. T. auch über dem Kristall befinden. Im Detail findet man stark verzweigte, wurzelartige Geflechte. Ähnliche Formen wurden in letzter Zeit von H. ESWARAN (1972), aber auch schon in früheren Arbeiten (S. AOMINE und K. WADA, 1962; N. YOSHINAGA, H. YATSUMOTO und K. IBE, 1968) abgebildet und entweder als Imogolit oder als Allophan beschrieben. In Anlehnung an J. B. DIXON* möchte ich aber auch hier lediglich von Vorstufen zur Halloysit-Kristallisation sprechen, da bekanntlich vor allem der Allophan ein sehr weites SiO_2/Al_2O_3-Verhältnis aufweist, während der Imogolit überhaupt als eigene Mineralart umstritten ist (M. FLEISCHER, 1963).

Horizont 1_1

Auch bei diesem gelblichroten Horizont ist die Schlackenstruktur stellenweise noch gut zu erkennen, überwiegend ist es jedoch zu einer deutlichen Verdichtung gekommen. In den Hohlräumen treten schwarze Krustenbildungen auf (Mn-Oxid?), von porphyroblastischen Einsprenglingen sind nur mehr Reste vorhanden: einzelne braunglänzende Olivine.

Im Dünnschliff (Abb. 73) zeigt sich ebenfalls, daß die Verwitterung gegenüber Horizont 2_1 noch weiter fortgeschritten ist:

Die ursprünglich glasige Grundmasse der Schlacke ist intensiv zersetzt, von Primärmineralen finden sich nur mehr Skelettreste; Blasenräume und Risse sind mit

---

* Mündliche Mitteilung, 1973.

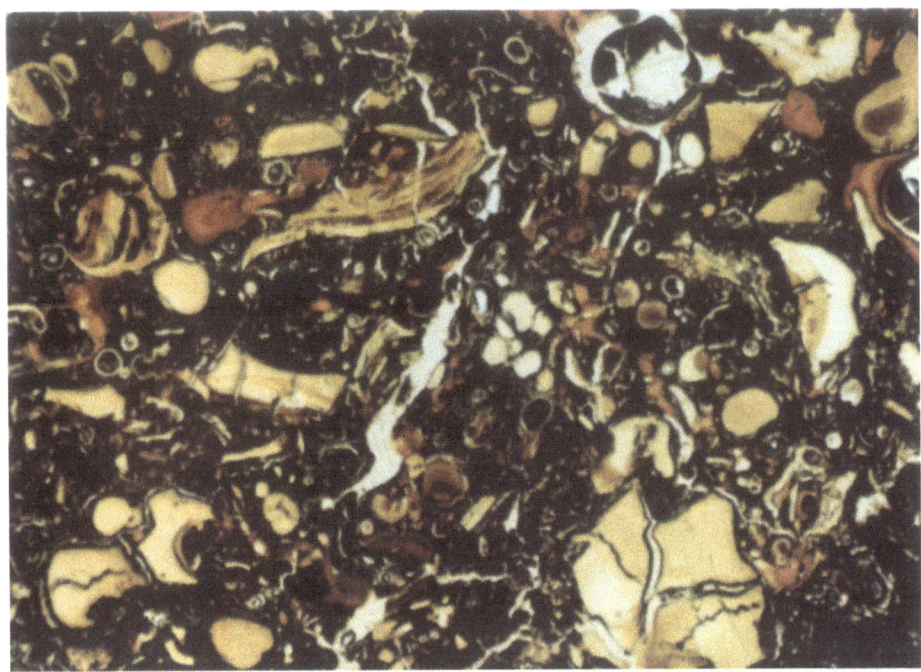

Abb. 73, Vergr. 25x

Neubildungen gefüllt, die selbst oft infolge späterer Eintrocknungsvorgänge wieder zerlegt wurden. Diese Neubildungen sind durchwegs braun gefärbt, wobei aber die Intensität der Fe-Oxid-Kristallisation stark schwankt – häufig erkennt man rhythmische Ausscheidungsfolgen. Bemerkenswert ist, daß meistens direkt am Kontakt mit der Grundmasse die Sekundärminerale am schwächsten gefärbt sind, sodaß also als erstes hauptsächlich SiO_2-reiche Lagen zur Auskristallisation kamen.

RDA

Die Zusammensetzung dieser Probe zeigt bei der Röntgenanalyse von der Übersichtsaufnahme bis zur Fraktion $< 0{,}2\ \mu$ fast keine Veränderungen: stets herrscht 10 Å-Halloysit vor, daneben treten auch geringe Mengen von 7 Å-Halloysit auf. Nur in der Fraktion $< 1\ \mu$ könnte in Spuren auch Gibbsit vorhanden sein.

REM

Die Bilder 74 und 75 zeigen mit zunehmender Vergrößerung die Struktur der Schlackenhohlräume bzw. ihrer Zwischenwände. Auf Abb. 74 erkennt man, daß es infolge der intensiven Durchgasung der Schlacke hier zu einer besonders hohlraumreichen Ausbildung gekommen ist; zwischen den einzelnen Blasen sind oft nur dünne Wände stehengeblieben, stellenweise gehen die Hohlräume auch ineinander über. Im Detail sieht man bereits, daß die Wände mehrschichtig aufgebaut sind und daß innerhalb dieser Schichten eine Internstruktur besteht. Ähnliche Schlackenpartikel untersuchten H. GEBHARDT, P. HUGENROTH und B. MEYER (1970) und kamen zur Ansicht, daß zwischen der äußeren Haut von Neubildungen und der inneren, noch glasigen Zone gut kristallisierter Kaolinit in Form von großen zusammenhängenden Platten entstünde. Diese Feststellungen können nach unseren Beobachtungen nicht bestätigt werden. Abb. 75 zeigt, daß aus den beiden übereinanderliegenden Schichten kurze und längere wurmförmige Gebilde aufgewachsen sind, daß also aus den Glaswänden Halloysit auskristallisiert. Auch bei der RDA konnte kein Kaolinit, sondern stets nur Halloysit nachgewiesen werden.

93

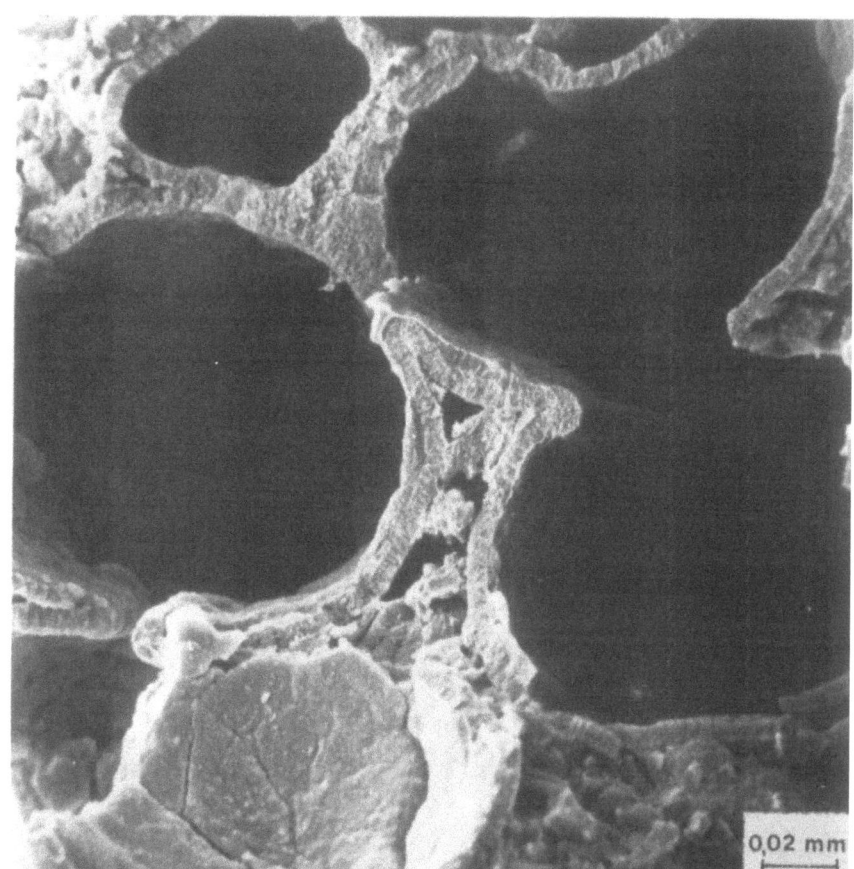

Abb. 74,
Vergr. 500x

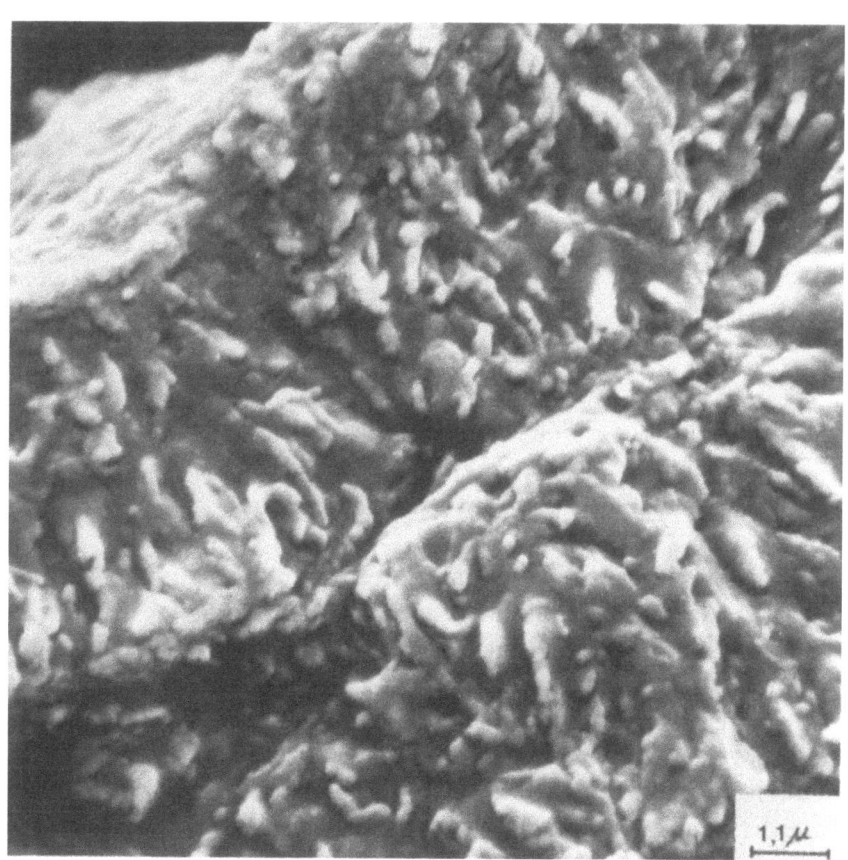

Abb. 75,
Vergr. 9k

CHEMISMUS

Diagramme V und VI

Auch hier gilt bezüglich der direkten Vergleichbarkeit der Analysen von Horizont zu Horizont, was bereits im ersten Profil ausgeführt wurde: da keine einheitliche Verwitterungssequenz vorliegt, sind die Werte nur beschränkt, und zwar innerhalb bestimmter Teilabfolgen, direkt miteinander in Beziehung zu bringen.

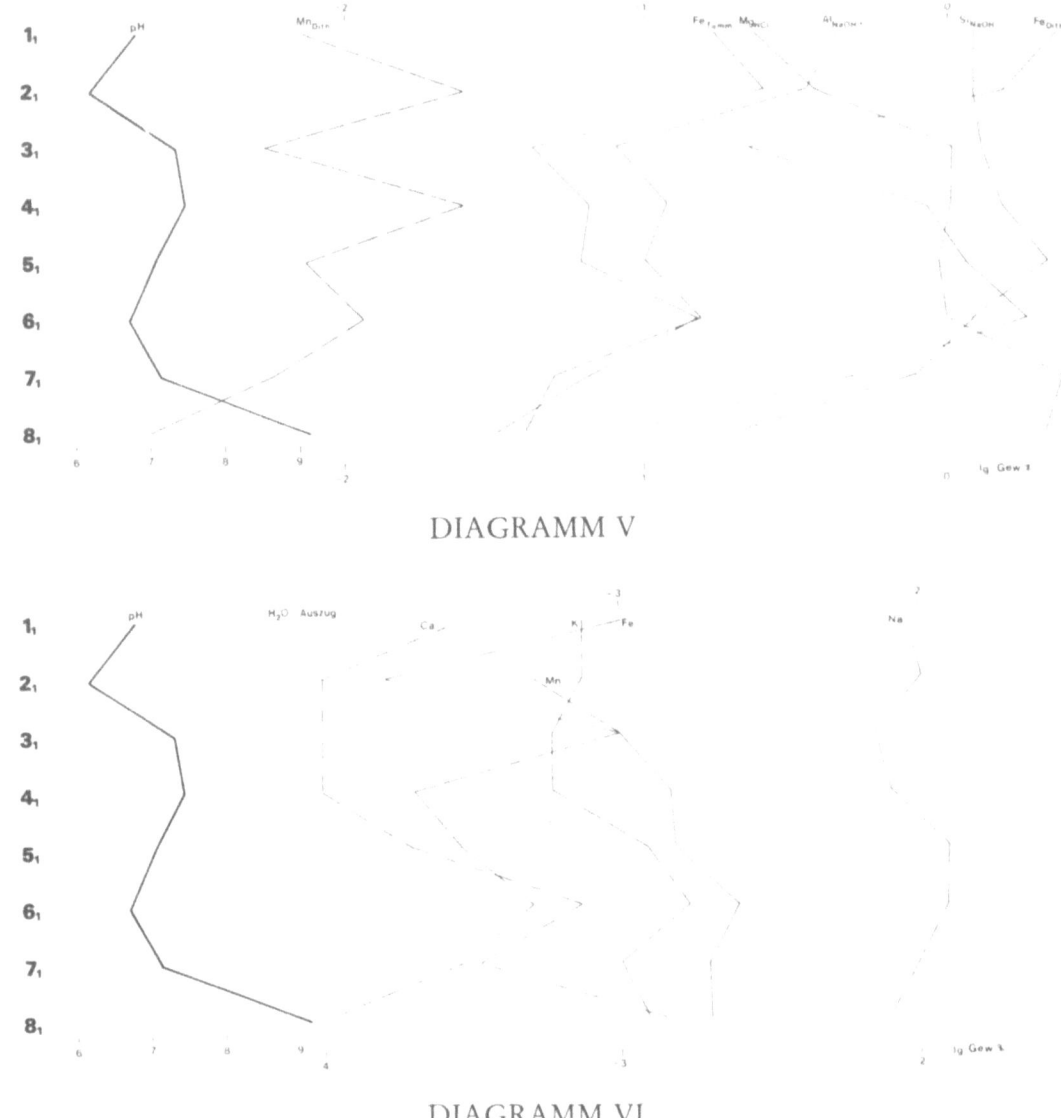

DIAGRAMM V

DIAGRAMM VI

Interpretation

Horizont 8₁

Dieser Horizont fällt schon insofern aus dem gesamten Profil heraus, da er mit 9,35 einen stark alkalischen pH-Wert aufweist. Mit Ausnahme von Mg zeigen auch sämtliche Analysen hier den niedrigsten Wert, also die geringste Löslichkeit. Auffallenderweise konnten aber gerade in dieser Schicht schon makroskopisch intensive weiße Verkrustungen festgestellt werden, bei denen es sich hauptsächlich um Kieselsäure-Kristallisate handelt. Hier scheint ein Widerspruch vorzuliegen, da bekanntlich die Löslichkeit von Silizium bis zu einem pH-Wert von 9 niedrig ist und dann stark ansteigt. Eine Erklärung dafür könnte in einem periodisch auftretenden, besonders intensiven Dargebot an Kieselsäure liegen, die dann jeweils sehr rasch zur Ausfällung kommt.

Sicher stehen damit auch Schwankungen der Feuchtigkeit in Zusammenhang, indem bei abnehmendem Wassergehalt ebenfalls der pH-Wert ansteigt. Da die weißen Krustenbildungen stets mehr oder weniger horizontbeständig auftreten, ist nicht an ein Einwandern aus höheren Niveaus zu denken, sondern an Lateralsekretion zur freien Oberfläche hin. Im Gegensatz zu allen anderen Löslichkeitskurven, die in diesem Horizont ihren Minimalwert besitzen, erscheint für Mg_{HCl} ein sehr hoher Wert. Allerdings zeigte schon die Röntgenanalyse in Horizont 8_1 einen geringen Gehalt an Olivin an, während in den meisten übrigen Horizonten der Olivin sowohl in struktureller als auch chemischer Hinsicht so weit gestört ist, daß er bei der RDA keine Reflexe mehr ergibt. Auch im Rasterelektronenmikroskop (siehe Abb. 61) konnte beobachtet werden, daß der Olivin noch in relativ gut erhaltener Form vorliegt. Lediglich eine schmale Kruste und einige verwitterungsbedingte Lösungshohlräume konnten festgestellt werden. Trotzdem müssen diese Lösungserscheinungen schon für die hohen Werte von Mg_{HCl} ausgereicht haben.

Im Gesamtbild jedoch erweist sich dieser Horizont als sehr frisch und von der Verwitterung noch wenig beeinflußt.

Horizont 7_1

In etwas abgeschwächter Form gilt hier das gleiche wie für die unterlagernde Schicht; z. B. erscheint auch in diesem Horizont bei der RDA noch Olivin, was ebenfalls für einen geringen Verwitterungsgrad spricht. Die Röntgenanalysen ergaben überhaupt für beide Horizonte fast das gleiche Bild; das zeigt sich darin, daß bereits in der Fraktion $<2\mu$ kaum mehr Reflexe festgestellt werden konnten, bzw. nur Ansätze zur Halloysitkristallisation. Offenbar sind beide Lagen noch so frisch, daß Tonmineral-Neubildungen erst im Anfangsstadium vorliegen. Auch bei den Untersuchungen am Rasterelektronenmikroskop konnten auf den Primärmineralen lediglich Ansätze zur Neukristallisation festgestellt werden (siehe Abb. 62).

Daß trotzdem gegenüber Horizont 8_1 eine schwache Zunahme der Verwitterungsintensität vorliegt, zeigen die chemischen Analysen. Aus sämtlichen Kurven ergibt sich eindeutig eine Zunahme der Löslichkeitswerte.

Horizont 6_1

Mit Ausnahme von Mg_{HCl} kommt es bei allen Analysen in diesem Horizont zu einer auffallenden Zunahme der Löslichkeit, wobei allerdings zu berücksichtigen ist, daß mit 6_1 eine neue Abfolge einsetzt. Eine primäre Beziehung zwischen 7_1 und 6_1 besteht also nicht, und es ist schwer abzuschätzen, ob der gemeinsame jüngere Verwitterungseinfluß ursprünglich vorhandene Unterschiede verwischt hat oder sie stärker hervortreten läßt.

Bemerkenswert ist jedenfalls die starke Zunahme sowohl von Fe_{Dith} als auch von Fe_{TAMM}, während bei den Röntgenanalysen überhaupt keine Fe-Oxide festgestellt werden konnten – im Gegensatz zu Magnetit und Hämatit im unterlagernden Horizont. Für 6_1 bedeutet das, daß Fe-Oxide und -Hydroxide zum Großteil in nicht kristalliner Form vorliegen müssen. Da gleichzeitig der pH-Wert in dieser Schicht unter 7 liegt, ergibt sich hier eine gute Übereinstimmung mit den Beobachtungen, die bereits im Teilprofil 1/A gemacht wurden.

Die hohen Löslichkeitswerte für Si und Al erklären sich z. T. auch aus den elektronenmikroskopischen Untersuchungen. Wie die Abb. 64 und 65 zeigen, sind die verwitterungsbedingten Auflösungsprozesse in den Primärmineralen schon sehr weit fortgeschritten. Beim Titanaugit von Abb. 65 ist von der ursprünglichen Mineralsubstanz überhaupt nichts mehr vorhanden, nur ein äußerer Rahmen – in dem es wahrscheinlich schon frühzeitig zur Anreicherung von Lösungsprodukten gekommen ist – ist übrig geblieben.

Horizont 5₁

Außer Si$_{NaOH}$ zeigen sämtliche Löslichkeitskurven eine abnehmende Tendenz gegenüber dem unterlagernden Horizont 6₁. Silizium dagegen besitzt hier seinen Maximalwert. Möglicherweise geht auf diese hier besonders starke Si-Anreicherung die Neubildung von Halloysit zurück, wie sie in Abb. 68 zum Ausdruck kommt. Während der Einschluß-Plagioklas noch relativ frisch erscheint, haben sich aus der Grundmasse bereits die typischen zapfenförmigen Ansätze zur Halloysit-Kristallisation bzw. auch segmentierte Stengel als fortgeschrittenes Stadium entwickelt.

Horizont 4₁

Die Tendenz von Fe$_{Dith}$ ist weiter abnehmend, während bei Fe$_{TAMM}$ sogar eine schwache Zunahme festzustellen ist. Diese Anreicherung amorpher Fe-Oxide geht parallel mit den Dünnschliffbeobachtungen: um sämtliche Blasenräume und um die meisten Pyroxeneinschlüsse ist es in der Grundmasse zu einer Konzentration von dunkelbraunen Fe-Oxiden gekommen.

Auffallend ist weiters, daß auch im Mikroskop keine Olivinporphyroblasten gefunden werden konnten; dafür tritt nur in diesem Horizont, der die hangendste Schicht der Abfolge darstellt, die mit 6₁ beginnt, bei der Röntgenanalyse Saponit auf. Offensichtlich ist die Olivinverwitterung hier so weit fortgeschritten, daß das Primärmineral völlig verschwunden ist und nur mehr die daraus entstandenen Sekundärbildungen erscheinen. Ein Übergangsstadium mit Serpentinmineralen konnte auch hier nicht beobachtet werden (siehe Profil 1/A, S. 48). Möglicherweise hängt auch mit dieser starken Olivinauflösung die Anreicherung der amorphen Fe-Oxide zusammen.

Horizont 3₁

Mit diesem Horizont setzt eine neue Abfolge ein. In bezug auf seinen relativ frischen Erhaltungszustand ist er gut mit 8₁ vergleichbar. Das kommt auch deutlich bei den Analysenergebnissen zum Ausdruck. Mit Ausnahme von Mg$_{HCl}$ zeigen alle Kurven bei diesem Horizont sehr niedrige Werte, die mit denen von 8₁ korrespondieren. Bemerkenswerterweise gilt das auch für die Fe-Oxide, obwohl sich nach der RDA diesbezüglich keine gute Übereinstimmung zwischen den beiden Horizonten ergibt. Wohl zeigen beide etwa die gleiche Menge an Magnetit, aber in 3₁ fehlt Hämatit, der in der tieferliegenden Schicht zu den wesentlichen Gemengteilen zählt. Das führt zur Annahme, daß Hämatit bei unserer Extraktion möglicherweise nur sehr gering oder überhaupt nicht erfaßt wurde. Schon U. SCHWERTMANN (1959) wies darauf hin, daß der Kristallisationsgrad ganz wesentlich die Reduzierbarkeit der Oxide beeinflussen kann. Da sich bei der RDA Hämatit stets als gut auskristallisiert erwies, könnte auch darin der Grund für niedrige Fe$_{Dith}$-Werte liegen.

Der Unterschied zwischen den beiden Horizonten 3₁ und 8₁ bezüglich der Hämatit-Führung legt noch eine andere Vermutung nahe. Zur Bildung von Hämatit sind höhere Temperaturen und ein stärkeres Austrocknen von Zeit zu Zeit notwendig (U. SCHWERTMANN, 1959). Demnach könnte der unterschiedliche Fe-Oxid-Gehalt hier auch klimatische Schwankungen andeuten.

Horizont 2₁

In diesem Horizont steigen außer bei Mg$_{HCl}$ und Si$_{NaOH}$ sämtliche Kurven stark an, die oxalatlöslichen Fe-Oxide erreichen ihren Maximalwert (auffallenderweise wieder beim niedrigsten pH des ganzen Profils – 6,2).

Damit Hand in Hand geht eine starke Zunahme der Mineralneubildungen. Während im unterlagernden Horizont (3₁) bei der RDA fast ausschließlich Primärminerale auftraten, finden sich hier lediglich ganz geringe Mengen von Magnetit als Reste des Primärmineralbestandes. Dafür erscheinen in sämtlichen Fraktionen 10 Å- und 7 Å-Halloysit als wichtige Gemengteile.

Auf Abb. 72 erkennt man, wie stark die ursprünglichen Minerale aufgelöst sind und daß daher auch nur mehr Reste der ehemaligen Struktureinheiten vorhanden sein können. Gerade an diesen Resten aber scheint bevorzugt die Bildung der Sekundärminerale einzusetzen.

Bemerkenswert bei den Analysenergebnissen ist auch, daß bei starkem Ansteigen der Löslichkeitswerte von Al_{NaOH} die Löslichkeit von Si konstant bleibt bzw. sogar etwas zurückgeht. Hier könnte insofern eine Beziehung zur Neubildung von Halloysit bestehen, da ja bei diesem Mineral ein Verhältnis SiO_2/Al_2O_3 von etwa 2:1 vorliegt, wie aus den Analysen bei C. E. WEAVER and L. D. POLLARD (1973) hervorgeht. Allerdings muß berücksichtigt werden, daß bei der NaOH-Extraktion nicht nur amorphe Kieselsäure gelöst wird, sondern auch Tonminerale, Feldspäte und andere Silikate angegriffen werden (F. SCHEFFER und P. SCHACHTSCHABEL, 1973).

Horizont 1_1

In diesem Horizont zeigen die Löslichkeitskurven einen sehr unterschiedlichen Verlauf. Während Fe_{Dith} und Al_{NaOH} weiter deutlich ansteigen, gehen Mn_{Dith} und Fe_{TAMM} stark, Si_{NaOH} und Mg_{HCl} schwach zurück. Aus der RDA ergibt sich eine noch eintönigere Zusammensetzung als im darunterliegenden Horizont 2_1; Primärminerale scheinen überhaupt nicht mehr auf. Dafür finden sich in der Fraktion $<1\mu$ Anzeichen für eine beginnende Gibbsit-Kristallisation.

Möglicherweise steht damit die Zunahme von Al_{NaOH} in Zusammenhang.

Auffallend ist, daß sich die Divergenz zwischen Fe_{Dith} und Fe_{TAMM} in der Röntgenanalyse überhaupt nicht auswirkt; offenbar ist die relative Zunahme kristalliner Fe-Oxide doch zu gering, um bei der RDA erfaßt werden zu können.

Teilprofil B

Mineralogie und Petrographie

Horizont 10

Mit diesem Horizont setzten die Ablagerungen des jüngeren Schlackenvulkans ein. Durch den gesamten äußeren Kraterrand ist diese helle, bräunlichweiße Lage deutlich durchzuverfolgen; sie ist dicht und führt kleine, schwarze und braune, matte Einsprenglinge sowie glänzende 1–2 mm große Feldspateinschlüsse. Schmale, schlauchartige Hohlräume, die auf ehemalige Wurzelkanäle zurückgehen, sind mit dünnen braunen Fe-Oxid-Krusten ausgekleidet. An einigen Stellen treten auch hier fleckenweise Kieselsäure-Krusten auf.

Das Dünnschliffbild (Abb. 76) zeigt ein fortgeschrittenes Verwitterungsstadium. Die Grundmasse ist dicht und infolge wechselnder Konzentration von Fe-Oxiden und -Hydroxiden hell- und dunkelbraun gefleckt. In Hohlräumen finden sich noch Reste von organischen Substanzen. Als häufige Einschlüsse treten abgerundet Körner auf, die hauptsächlich aus schmalen Sanidinleisten und opaken Erzmineralen bestehen. Die Sanidine zeigen durch subparallele Anordnung Fluidalstrukturen an. Daneben erscheinen Sanidine aber auch als größere Einzelkristalle, die häufig eine ± starke mechanische Deformation zeigen. Die Oberflächen sind überwiegend aufgerauht, wobei sich bei stärkster Vergrößerung Ansätze zur Bildung von Sekundärmineralen feststellen lassen. Entlang von Spaltrissen finden sich mitunter Anreicherungen hellbrauner Fe-Oxide.

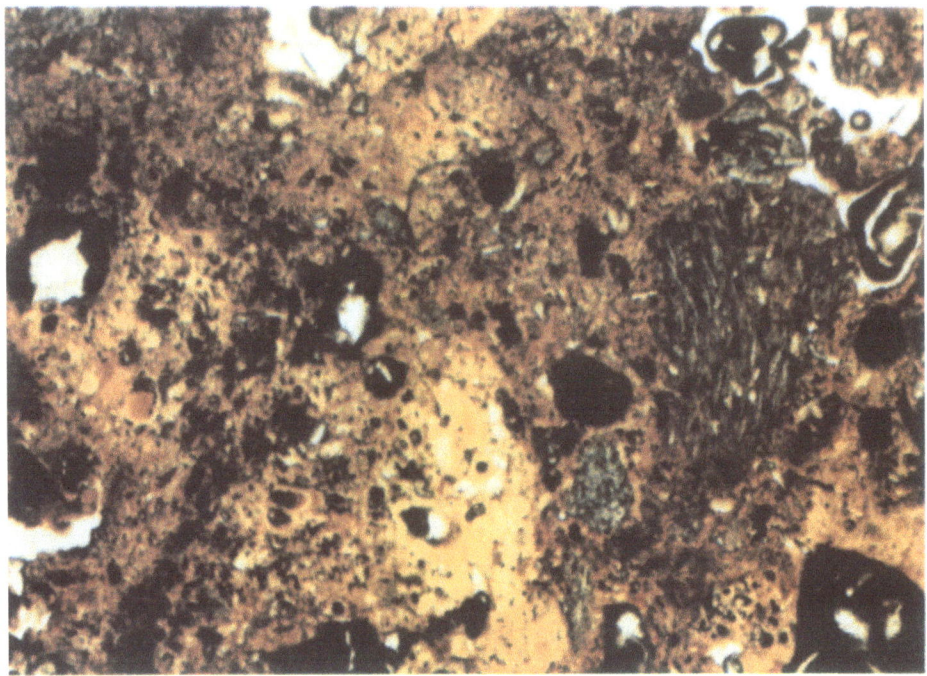

Abb. 76, Vergr. 25x

Vereinzelt treten auch Komponenten mit hohlraumreicher Schlackenstruktur auf. Sämtliche Blasenräume sind zumindest randlich mit Neubildungen ausgekleidet. Dabei zeigt sich in den konzentrisch abgelagerten Schichten eine kontinuierliche Abnahme der Fe-Oxide von der Hohlraumwand zum Zentrum hin, in dem dann offenbar reine Kieselsäureausscheidungen entstanden. Die ursprüngliche glasige Grundmasse ist durchwegs doppelbrechend und infolge unterschiedlicher Fe-Konzentration hellgelblichbraun bis dunkel rötlichbraun gefärbt. Als idiomorphe Einsprenglinge haben sich hier nur die Magnetitkristalle gut erhalten.

RDA

Die Übersichtsaufnahme zeigt vorherrschend 10 Å-Halloysit, weiters Sanidin, Quarz*, geringe Anteile Magnetit und in Spuren Goethit.

Bei der Fraktion < 20 μ sind Quarz, Magnetit und Goethit verschwunden; neu erscheint 7 Å-Halloysit.

In der Fraktion < 2 μ ist die Zusammensetzung unverändert, nur ist der Sanidin-Anteil etwas zurückgegangen.

In der Fraktion < 1 μ ist der Sanidin völlig verschwunden, und es treten nur mehr 10 Å- und 7 Å-Halloysit auf.

REM

Auf Abb. 77 ist die hohlraumreiche Struktur der Schlackenkomponenten zu erkennen. Die ehemals glasige Grundmasse ist besonders stark aufgelöst und in den Blasenräumen sind über der Kruste polsterartige Noppen aufgewachsen. Die Kruste selbst besitzt eine fasrig-blättrige Internstruktur. Abb. 78 zeigt, daß die porphyroblastischen Einsprenglinge der Grundmasse ± vollständig weggelöst sind. Die EDAX-Analyse der strukturierten Hohlraumwand ergab überwiegend Fe, weiters Si, Al und in wesentlich kleineren Mengen Ti und Ca.

---

* Bezüglich der starken Quarzanreicherung gilt hier das gleiche wie in Horizont 61 (siehe Seite 83).

TABELLE IV

Horizont	Gesamtübersicht	Fraktion <20μ	<2μ	<1μ	<0,2μ
1	■□ ▲▲▲ ◆◆◆◆ ●● ○○	■□ ▲▲▲ ◆◆◆◆ ●● ○○	□ ▲◆◆ ●● ○○ □	□ ●●● ○○○ □	●●● ○
2	■■□□□□ △ ▲ ◆ □ ■ ●● △□	■□□□□ △ ▲ ◆ □ ■ ●● ○ □	■□□□□ ▲ ◆ □ ● ○ □	□□□ ▲ ■ ●●● ○○	● △ △ △
3	■■ □□ ▲ ◆◆◆◆ ○○ △	■■ □□ ◆◆◆◆ ●● ○○	■ □□ ◆◆◆◆ ●● ○○	□ ●●● ○○ □	●● ○
4	●● △	△ ● ○	● ○○	●●● ○	●● △ △
5	■ ●● △	● ○○	● ○	●● ○ △	● △
6	■ ●●● △	● ○○	● ○○	●●●● ○	●●● ○
7	■ ●●	■ ● ○	●● ○○	●●● ○○	
8	■ ●●	● ○	●● ○	● △	
9	▲▲▲ ◆◆◆◆ ●●	▲▲▲▲ ◆◆◆ ●● ○	▲▲ ◆◆ ●●● ○○	●●● ○○	● △
10	■ △ ▲▲ ◆◆ ●●●●	▲▲▲ ●● ○○	▲▲ ●● ○○	●● ○○	

Bei Analysen von Krustenoberflächen dagegen herrschen eindeutig Si und Al vor, während Fe stark zurücktritt, Ti untergeordnet und Ca überhaupt nicht mehr auftritt. Dieses Ergebnis steht in guter Übereinstimmung mit den Dünnschliff-Beobachtungen. Ca und Ti aus dem inneren Bereich der Kruste dürften demnach von den porphyroblastischen Einsprenglingen abzuleiten sein, bei denen es sich offenbar um Titanaugite gehandelt hat.

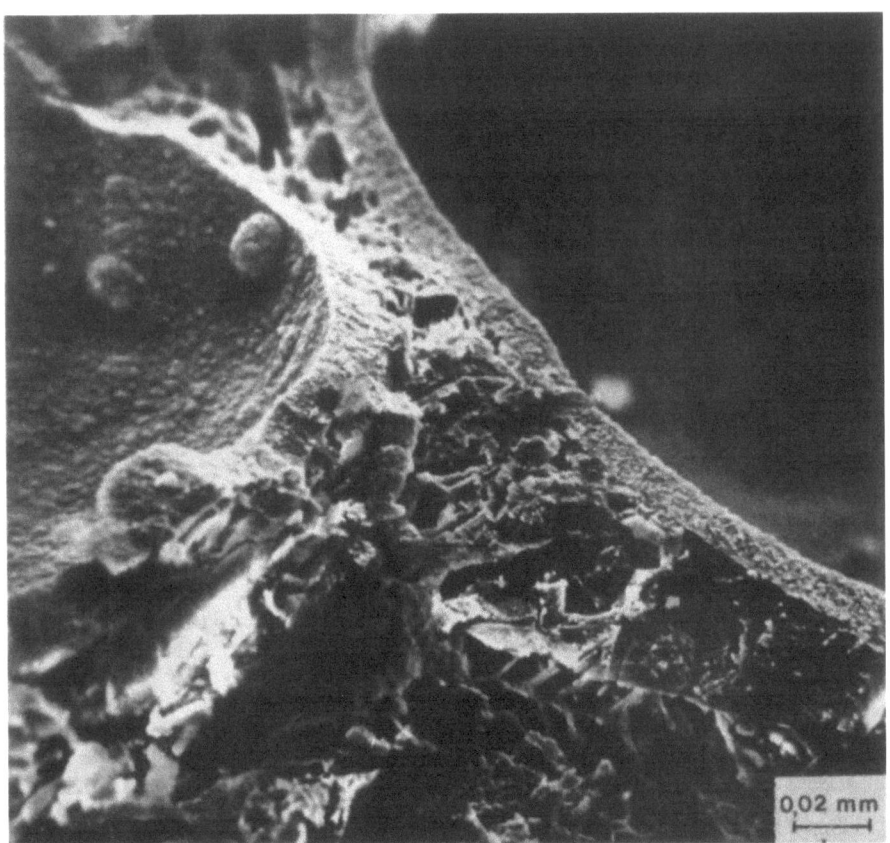

Abb. 77,
Vergr. 500x

Abb. 78,
Vergr. 1k

Horizont 9

Mit dieser Schicht setzt über dem hellen Horizont 10 die Bodenbildung ein, was vor allem durch den Farbumschlag zu mittel- bis dunkelbraun deutlich wird. Noch immer sind 1–2 mm große Feldspatleisten an ihren glänzenden Spaltflächen gut zu erkennen. Daneben findet sich eine große Zahl weißer bis gelblicher, matter und leicht zerreiblicher Einschlüsse, die bis 5 mm groß werden können. Wahrscheinlich handelt es sich dabei um Einsprenglinge von älterem Nebengestein, das schon in ± stark zersetzter Form in diesem Horizont zur Ablagerung kam. Diese Annahme wird durch die Dünnschliff-Beobachtungen gestützt. Auf Abb. 79 erkennt man in einer dichten, nur von einzelnen Wurzelgängen durchzogenen Grundmasse eckige bis kantengerundete Einschlüsse von Sanidinaggregaten. Diese Feldspäte zeigen einen starken Unterschied im Erhaltungszustand gegenüber den porphyrischen Sanidin-Einzelkörnern, bei denen lediglich perthitische Entmischungsstrukturen festgestellt werden können. Ganz vereinzelt findet man in der Grundmasse auch Schichtsilikate, die ebenfalls eine starke Auflösungstendenz erkennen lassen. Die farblosen Minerale sind randlich stark aufgefasert, wobei sich einzelne Schichten durch Aufbiegen überhaupt abzulösen beginnen.

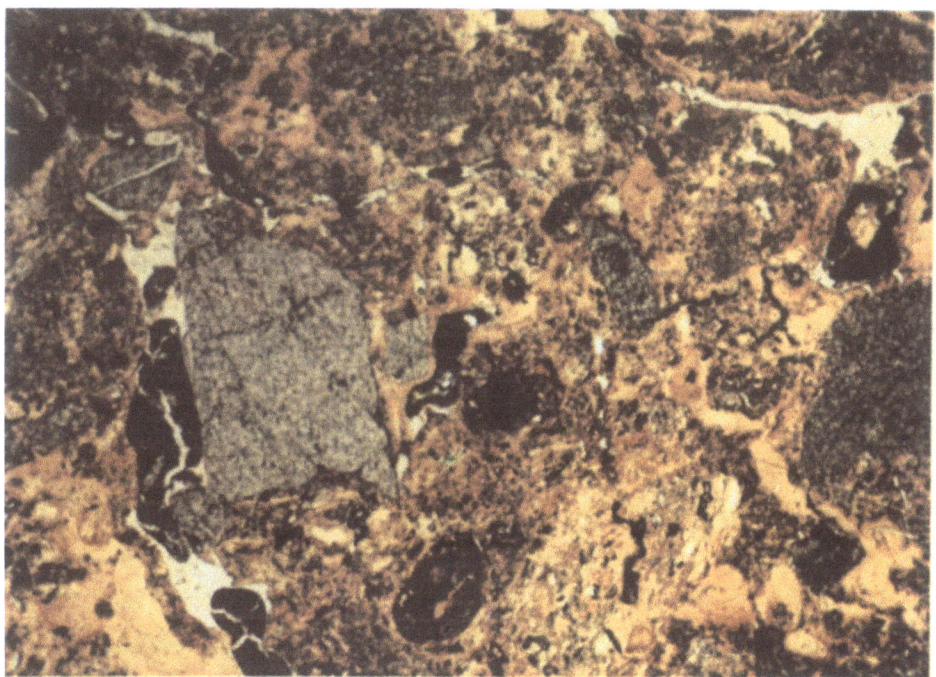

Abb. 79, Vergr. 25x

Bei anderen wieder ist es in einzelnen schmalen Streifen zu einer intensiven Fe-Konzentration gekommen (opake Lagen in dem sonst farblosen Mineral). Als weitere Einschlüsse finden sich hellbraune, gerundete Glaskomponenten mit einem dunkleren Fe-Oxid-Saum; in ihrem Innern treten Entmischungen auf: idiomorphe dünnstengelige Apatitkristalle und Mikrolithen, die sich aus Glas und Mafiten zusammensetzen; stellenweise dunklere Braunfärbung zeigt auch hier unterschiedliche Fe-Konzentration an.

RDA

In der Gesamtübersicht dominiert Quarz, gefolgt von Sanidin und 10 Å-Halloysit.

Die Fraktion < 20 μ zeigt ungefähr die gleiche Zusammensetzung, nur überwiegt hier Sanidin vor Quarz, und außerdem erscheint auch etwas 7 Å-Halloysit.

In der Fraktion < 2 μ ist der Anteil der Primärminerale zurückgegangen, sonst ergeben sich keine Unterschiede.

Dagegen treten in der Fraktion < 1 μ überhaupt keine Primärminerale mehr auf, es finden sich nur mehr 10 Å- und 7 Å-Halloysit.

Auch in der Fraktion < 0,2 μ erscheinen geringe Mengen von 10 Å- und in Spuren 7 Å-Halloysit.

REM

Eine Reihe von Abbildungen aus diesem Horizont wurde schon in einer früheren Arbeit (B. SCHWAIGHOFER, 1974) veröffentlicht.

Abb. 80 zeigt einen Kalifeldspat-Einsprengling in der Grundmasse; es finden sich unterschiedliche Auflösungsstrukturen. Von einem durchgehenden Spaltriß, der der vollkommenen Spaltbarkeit nach (001) entsprechen dürfte, ausgehend, tritt eine plattenförmige Auflösung parallel zur seitlichen Endfläche auf. In diesem Hauptspaltriß ist es bereits zur Ausscheidung oder Einschwemmung einer Füllsubstanz gekommen. Sonst finden sich auf den Spaltflächen nur geringfügig Auf- und Anwachsungen als kleine Noppen, die stellenweise zu dünnen Krusten zusammengewachsen sind. Auf der seitlichen Endfläche (010) dagegen erscheinen Lösungsstrukturen in Form von Ätzgruben, die bereits zur Ausbildung von trichterartigen Hohlformen zwischen zapfenförmigen Erhebungen geführt haben. Unterschiedliche Stadien von Neubildungen kommen deutlicher auf Abb. 81 zum Ausdruck. Hier finden sich auf der Feldspatoberfläche neben stark reliefierten Krustenaggregaten und kleineren Erhebungen auch schon richtige Halloysit-Stengel. Häufig wachsen diese Stengel senkrecht aus den früher gebildeten Noppen und Zapfen auf. Auf ähnliche Wachstumsstrukturen wurde auch schon von W. E. PARHAM (1969) hingewiesen. Abb. 82 zeigt einen Feldspat, bei dem Teile der Kruste schon abgeplatzt sind. Aus der Kruste sind hier Neubildungen in schlingenartig gekrümmter Form gewachsen; einzelne sind abgebrochen und man erkennt, daß es sich um Hohlformen handelt. Auch bei ihnen finden sich bereits Anzeichen für die regelmäßige Abschnürung zu Einzelheiten.

Abb. 80, Vergr. 2k

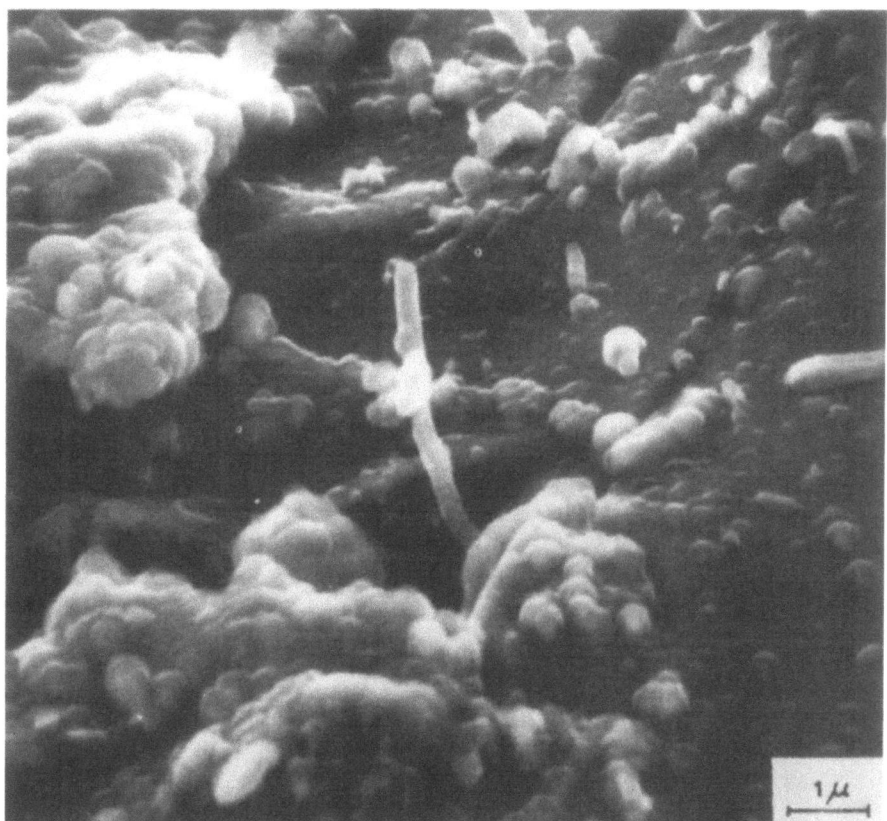

Abb. 81,
Vergr. 10k

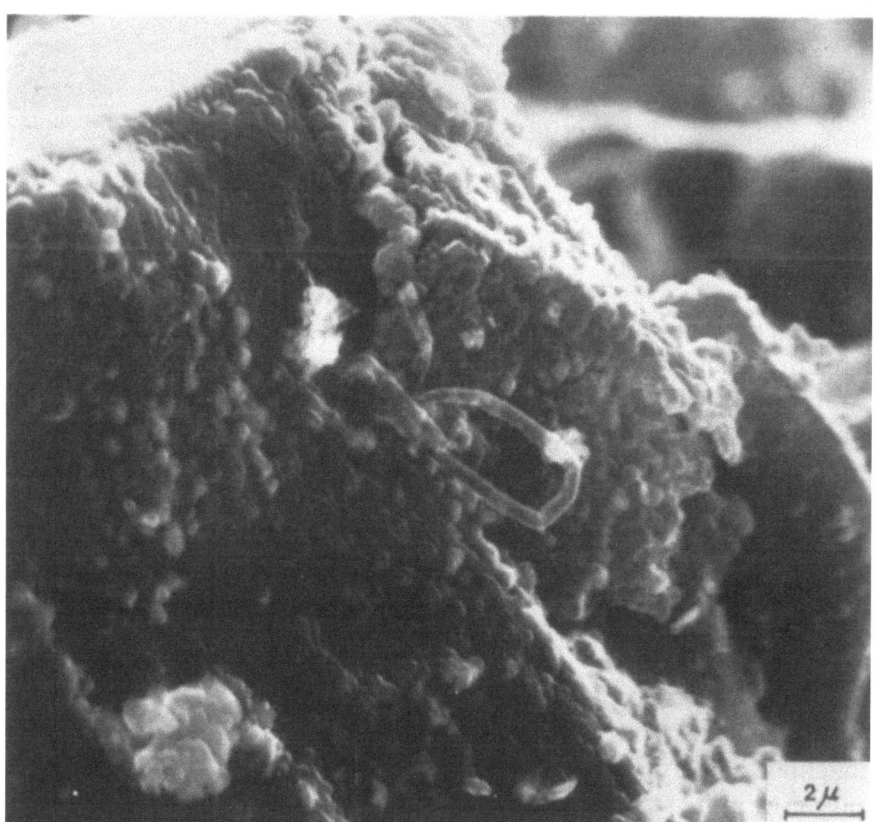

Abb. 82,
Vergr. 5k

Horizont 8

Mit diesem Horizont setzt eine neue Schlackenlage ein, die vorwiegend braune Verwitterungsfarben mit schwacher gelblicher Fleckung zeigt. An frischeren Bruchstellen tritt aber noch deutlich die ursprüngliche blaugraue Farbe zutage. Die Hohlräume sind mit dunkelbraunen Krusten ausgekleidet. In der Grundmasse sind auch mit freiem Auge noch gut porphyroblastische Einsprenglinge zu erkennen, bei denen Olivin vorherrscht; die stark angewitterten Kristalle zeigen auf den Resten der Kristallflächen einen gelblichbraunen Glanz.

Den echten Erhaltungszustand dieser Olivinreste findet man im Dünnschliffbild (Abb. 83).

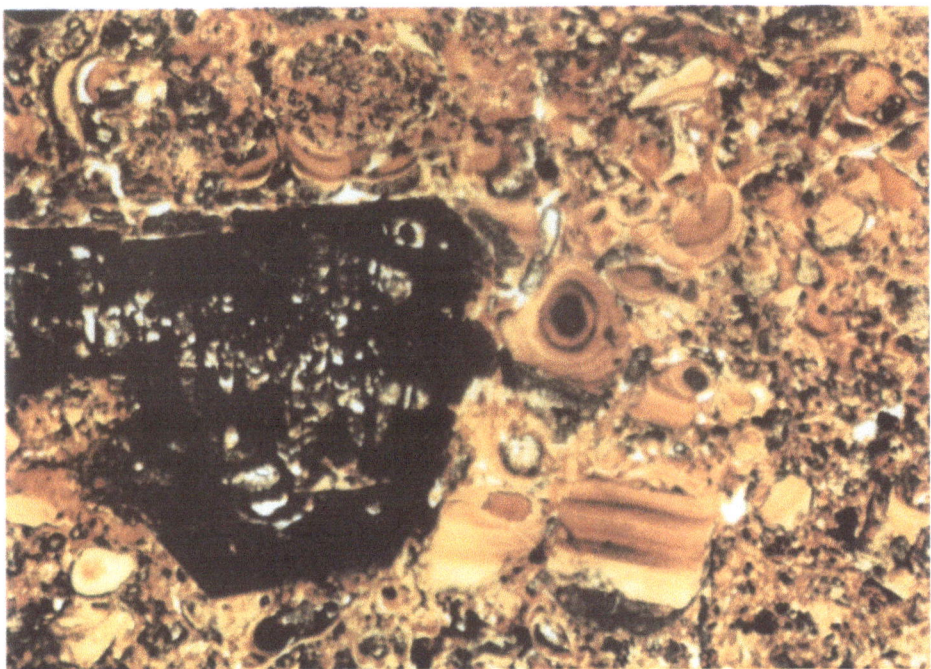

Abb. 83, Vergr. 25x

Von der ursprünglichen Mineralsubstanz ist nichts mehr übriggeblieben, es handelt sich um intensiv mit Fe-Oxiden durchtränkte Pseudomorphosen. In den ehemaligen Hohlräumen haben Tonminerale und Fe-Oxide ein Anlagerungsgefüge aus parallel oder konzentrisch orientierten Schichten ausgebildet. Die früher glasige Grundmasse hat ihre Isotropie völlig verloren und ist stets doppelbrechend.

RDA

Die Röntgenanalyse dieser Probe ergab für alle Fraktionen eine sehr einheitliche Zusammensetzung. In der Übersichtsaufnahme fanden sich Magnetit und 10 Å-Halloysit, alle anderen Fraktionen bis < 1 μ zeigten nur 10 Å- und 7 Å-Halloysit.

REM

Bei den elektronenmikroskopischen Untersuchungen konnten auch in dieser Probe einzelne Kalifeldspäte beobachtet werden. Sie machen einen durchaus frischen Eindruck und sind nur stellenweise von einer dünnen Kruste überzogen, die nach den EDAX-Analysen reich an Fe ist.

Horizont 7

Mit dieser Lage setzt die Bodenbildung in den Schlackenschichten ein. Dabei ist die Schlackenstruktur größtenteils verlorengegangen und in der Grundmasse ist es zu einer auffallenden Verdichtung gekommen. Auch ein Farbunterschied stellt sich ein – es dominieren jetzt rötlichbraune Farben. Von größeren porphyroblastischen Einsprenglingen sind mit freiem Auge nur mehr einzelne Reste festzustellen, dafür treten ca. 1 mm große weiße Einzelkristalle (Feldspäte?) stärker in Erscheinung.

Das Dünnschliffbild (Abb. 84) zeigt auch hier wieder ein ursprünglich sehr hohlraumreiches Gefüge, wobei allerdings sämtliche Blasenräume und Spalten mit Sekundärbildungen gefüllt sind. Bei diesen Neubildungen ergeben sich auffallende Anlagerungsgefüge durch die horizontale, parallele Schichtung von Fe-Oxid-armen und Fe-Oxid-reichen Paketen, die in Form geologischer Wasserwaagen ausgebildet sind. Dabei treten an der Basis helle, fast farblose Tonmineralpakete auf und darüber Schichten, in denen es mit wechselnder Intensiät zur rhythmischen Ausfällung von Fe-Oxiden gekommen ist.

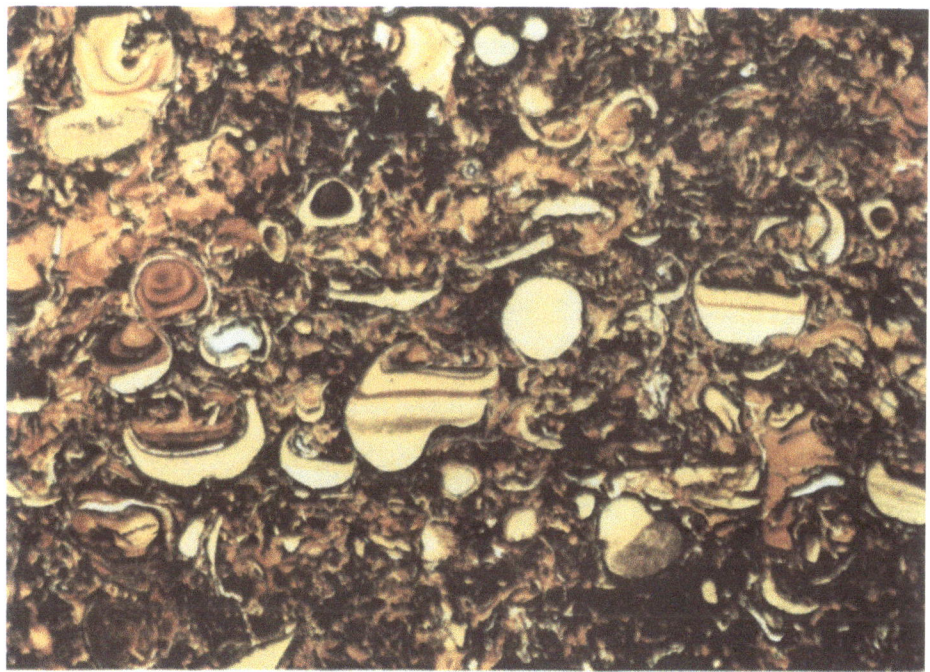

Abb. 84, Vergr. 25x

An einigen Stellen finden sich Ansammlungen von hellen, leistenförmigen Partikeln, die sich bei Betrachtung mit gekreuzten Nikols als mehrschichtig aufgebaut erweisen.

Sie zeigen durchwegs eine leicht gekrümmte Form, und es ist anzunehmen, daß es sich dabei um abgeplatzte Krustenteile ehemaliger Hohlraumauskleidungen handelt. Die Hohlräume in diesen Aggregaten selbst sind nur mit farblosen Kieselsäure-Kristallisaten gefüllt. Daneben treten auch einige, völlig mit roten Fe-Oxiden durchtränkte, Pseudomorphosen nach Pyroxenen auf. Ehemalige Olivinporphyroblasten zeigen außer einer Fe-Oxid-Durchtränkung auch eine Auftrennung in einzelne schmale Lagen.

RDA

Gegenüber dem unterlagernden Horizont 8 treten bei der Röntgenanalyse keine Unterschiede auf, außer daß Magnetit auch noch in der Fraktion < 20 μ erscheint.

REM
Bei den elektronenmikroskopischen Untersuchungen konnten an einzelnen Kristallen wieder Krusten festgestellt werden, die nach der EDAX-Analyse hauptsächlich aus Si und untergeordnet aus Al und Fe bestanden.

Horizont 6

Dieser Horizont ist durch noch dunklere Farben gekennzeichnet – rötlich mit braunen Flecken. 3–4 mm große Reste von Olivinporphyroblasten sind an ihrem gelblichbraunen Glanz noch immer deutlich zu erkennen. Als kleine rote Einsprenglinge liegen Pyroxenpseudomorphosen vor.

Im Dünnschliff-Bild erkennt man das weit fortgeschrittene Verwitterungsstadium der Schlackenkomponenten. Die ehemals einheitliche glasige Grundmasse zeigt starke Entmischungserscheinungen, und außerdem ist das Gerüst zwischen den früheren Blasenräumen stellenweise völlig zerbrochen; vereinzelt sind noch dünne Verbindungsstege stehengeblieben.

Als idiomorphe Einsprenglinge treten Magnetit und Pyroxen auf. Die Pyroxene haben infolge intensiver Durchtränkung mit Fe-Oxiden eine dunkelrote Farbe angenommen. Von den Olivinporphyroblasten (Abb. 85) ist dagegen meist nur mehr ein homogener rötlichbrauner Saum erhalten, während das Innere zu einem lockeren Gerüst aus dunkelbraunen Fe-Oxiden aufgelöst wurde. Häufig finden sich um diese Kristallreste Ansammlungen opaker Magnetitkörner.

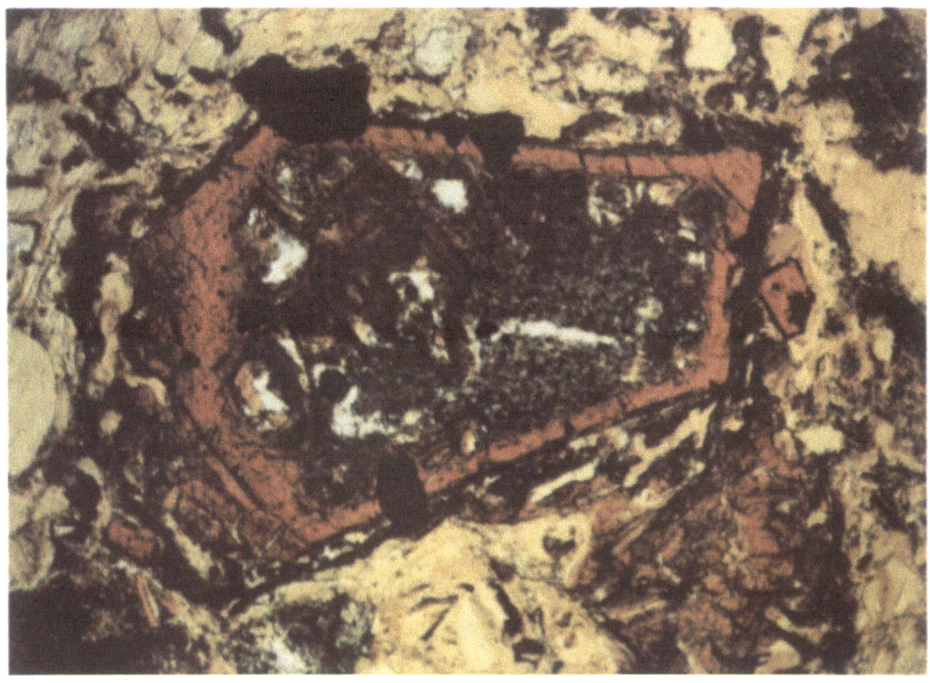

Abb. 85, Vergr. 100x

RDA
Auch bei dieser Probe zeigt die Röntgenanalyse die gleiche Zusammensetzung wie bei den beiden unterlagernden Schichten, nur erscheint 7 Å-Halloysit schon in der Übersichtsaufnahme, und auch der Gehalt an 10 Å-Halloysit ist hier höher.

Horizont 5

In diesem ebenfalls rötlichen Horizont macht sich zum ersten Mal in dieser Abfolge eine schwarze Mn-Oxid-Fleckung bemerkbar; außerdem zeigt er gegenüber den unterliegenden Schichten einen höheren Tongehalt, er ist z. T. plastisch. Die Verwitterung der porphyroblastischen Einsprenglinge ist weiter fortgeschritten, aber noch immer sind einzelne Olivin- und Pyroxenreste zu erkennen.

Das Dünnschliff-Bild zeigt eine dichte, unterschiedlich braun gefärbte Grundmasse, in der die Hohlräume wieder mit parallel geschichteten Tonmineral- und Fe-Oxid-Paketen gefüllt sind.

Das weiter fortgeschrittene Verwitterungsstadium wird hier durch die Auflösung von Magnetit angezeigt; deutlich ist auch am Skelettrest noch die Oktaederform des Kristalls zu erkennen. Daneben erscheinen wieder völlig mit Fe-Oxiden durchtränkte rote Pyroxenpseudomorphosen.

Die Detailaufnahme (Abb. 86) zeigt die Auflösungsstrukturen in einem Olivinporphyroblast. Das Mineral ist ebenfalls vollständig mit Fe-Oxiden durchsetzt. Einzelne Spaltrisse sind weiter aufgegangen und in diese sind hellbraune Substanzen, die auch idiomorphe Magnetite mitgeschleppt haben, aus der umgebenden Grundmasse eingedrungen. Zwischen den Spaltrissen hat im Kornbestand selbst eine parallel orientierte fasrige Auflösung eingesetzt. In dieser Richtung und senkrecht dazu sind dabei größere Hohlräume entstanden, die teilweise bis vollständig mit Sekundärbildungen (Goethit?) gefüllt wurden.

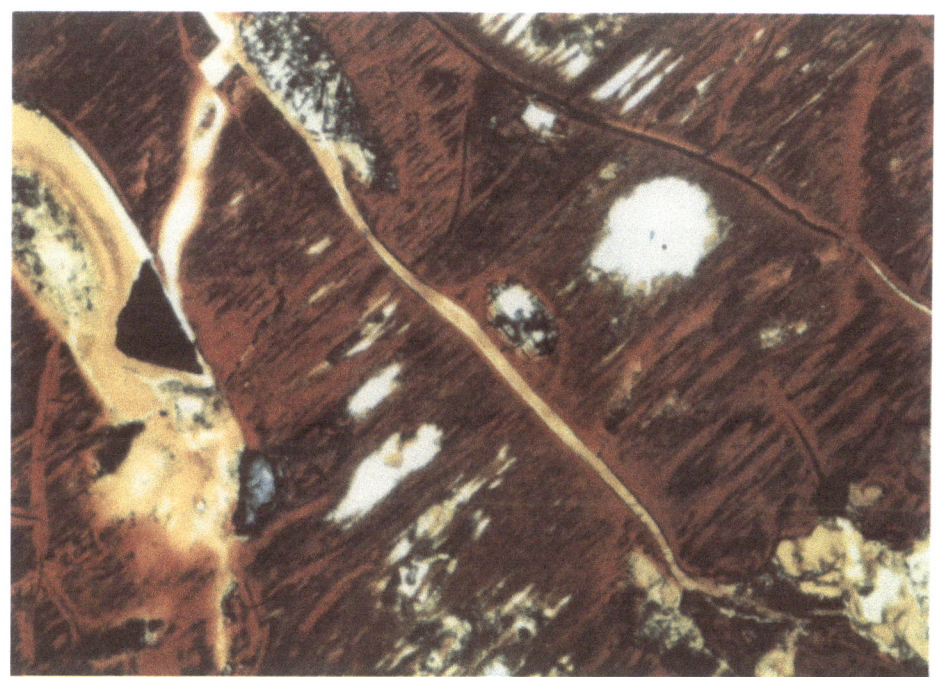

Abb. 86, Vergr. 100x

R D A

Weiterhin zeigen die Röntgenanalysen die gleiche Zusammensetzung wie in den vorhergegangenen Horizonten, nur in der Fraktion < 1 μ dürften neben 10 Å- und 7 Å-Halloysit noch Spuren von Cristobalit auftreten.

Horizont 4

Dieser Horizont bildet die oberste Lage der Abfolge, die mit dem Horizont 8 begonnen hat. Es handelt sich um eine rote Bodenschicht, in der es durch Mn-Oxid-Anreicherungen zu einer starken schwarzen Fleckung gekommen ist. Die Grundmasse ist sehr dicht, aber noch immer treten ganz vereinzelt Reste gelbbraun glänzender Olivinporphyroblasten auf.

Auch im Dünnschliff (Abb. 87) ist zu erkennen, daß hier die Verwitterung noch weiter fortgeschritten ist; die Grundmasse ist noch dichter, und sämtliche Hohlräume – soweit sie nicht auf ausgebrochene porphyroblastische Einsprenglinge zurückgehen – sind mit Neubildungen gefüllt. Häufiger als sonst und vor allem in den größeren Hohlräumen treten dabei rötlichbraune Fe-Oxide auf, die auch hier wieder durch rhythmische Ausfällung die üblichen Anlagerungsstrukturen entstehen ließen. In den ehemaligen Porphyroblasten ist die Verdrängung der Primärsubstanzen durch die Fe-Oxide so weit gegangen, daß sie z. T. schon als opake Einsprenglinge vorliegen. Bei einzelnen Olivinresten ist wieder die fasrige Auflösungsstruktur zu beobachten, das Mineralskelett selbst aber ist opak. Stellenweise kommt es auch in diesem Horizont zu Anhäufungen der hellen, gekrümmten, leistenförmigen Partikel, wie sie schon in 7 festgestellt wurden.

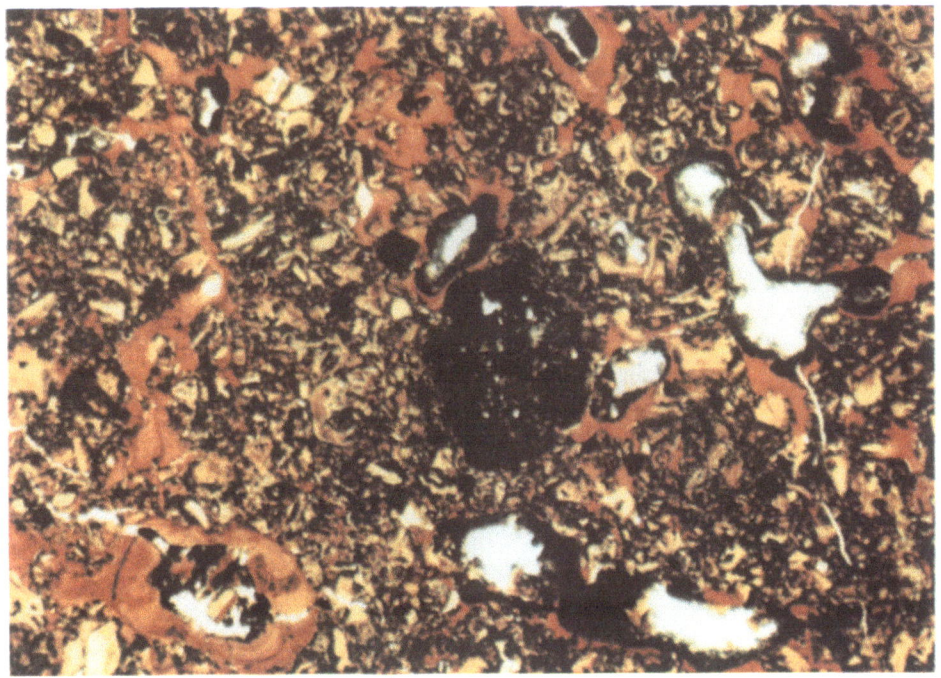

Abb. 87, Vergr. 25x

R D A

Schon in der Gesamtübersicht treten keine Primärminerale mehr auf, es finden sich nur 10 Å- und in Spuren 7 Å-Halloysit.

In der Fraktion < 20 μ ist die Menge der beiden Halloysitminerale etwa gleich, und daneben erscheint noch etwas Goethit.

Die Fraktionen < 2 μ und < 1 μ zeigen wieder nur 10 Å- und 7 Å-Halloysit.

In der Fraktion < 0,2 μ kommen dazu noch Spuren von Cristobalit.

R E M

Abb. 88 zeigt die verkrustete Oberfläche eines porphyroblastischen Einsprenglings in der Grundmasse. Die EDAX-Analyse ergab hauptsächlich Fe und in wesentlich geringerer Menge Si, Al und Ti; demnach dürfte es sich um Titanaugit handeln. Zu kristallinen Neubildungen aus diesem Kristall scheint es noch nicht gekommen zu sein.

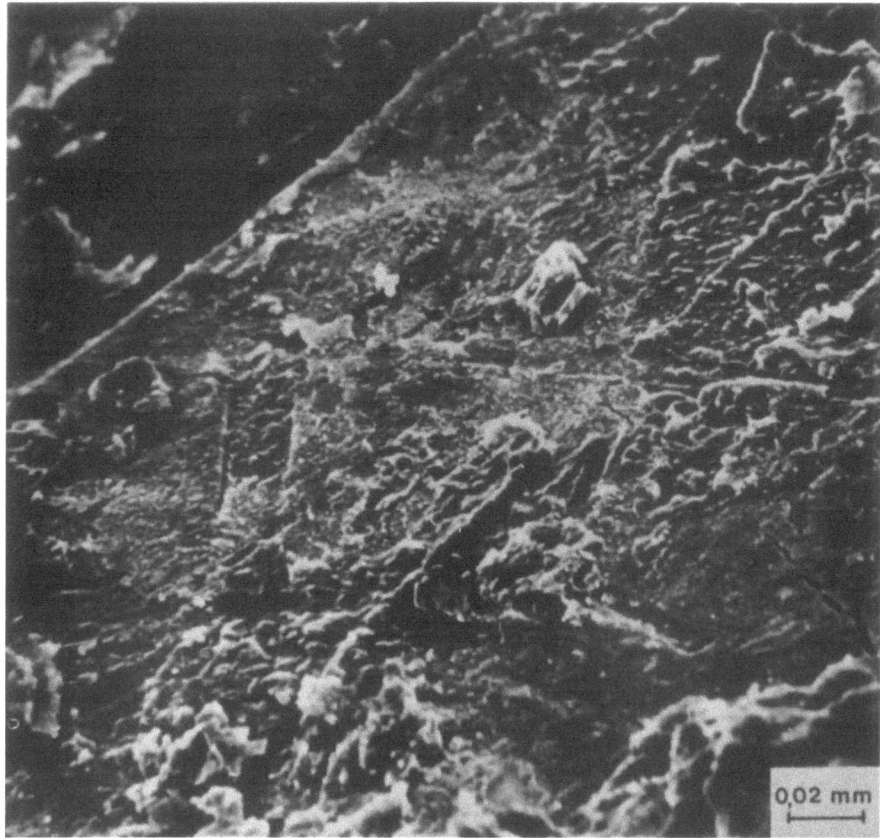

Abb. 88, Vergr. 500x

Horizont 3

Mit dieser Schicht setzt eine neue Sequenz ein, die bis zum Oberflächenhorizont 1 reicht. Auch sie ist rot mit schwarzen Mn-Oxid-Flecken und zeigt einen auffallend blockigen Zerfall. Sie ist durchwegs dicht mit wenigen Hohlräumen, die auf Wurzelgänge zurückgehen. Mit freiem Auge sind zwar kleine Einschlüsse zu erkennen, eine Identifizierung ist aber nicht möglich.

Im Dünnschliff (Abb. 89) finden sich aber wieder Reste von Olivinporphyroblasten. Die fasrige Auflösung ist so weit fortgeschritten, daß große Hohlräume entstanden sind. Das gesamte Restkorn ist von rötlichbraunen Fe-Oxiden durchsetzt, wobei auffällt, daß stets zur freien Oberfläche der Hohlräume hin die Rotfärbung intensiver wird. Opake Fe-Oxide finden sich stellenweise auch als Hohlraumfüllungen. Andere Hohlräume sind hier dadurch entstanden, daß Einzelkörner aus dem Verband herausgelöst wurden. Entsprechend den Ergebnissen der Röntgenanalyse dürfte es sich dabei zum Großteil um Quarzkörner gehandelt haben. Als größere Einschlüsse in der Grundmasse treten auch bis 0,5 mm große Feldspäte auf.

RDA

In der Übersichtsaufnahme erscheint vorherrschend Quarz, gefolgt von Magnetit, Hämatit und 10 Å-Halloysit, weiters Sanidin und in Spuren 7 Å-Halloysit.

Bei der Fraktion $< 20\,\mu$ ist Sanidin verschwunden, es dominiert weiterhin Quarz, und in kleineren Mengen treten Magnetit, Hämatit, 10 Å- und 7 Å-Halloysit auf.

Die Fraktion $< 2\,\mu$ zeigt im wesentlichen die gleiche Zusammensetzung, nur der Gehalt an Magnetit ist zurückgegangen.

In der Fraktion $< 1\,\mu$ sind sowohl Quarz als auch Magnetit verschwunden, und auch der Hämatitgehalt hat abgenommen. Neben 10 Å- und 7 Å-Halloysit finden sich als weitere Neubildungen auch kleine Mengen von Gibbsit.

In der Fraktion $< 0,2\,\mu$ treten wieder nur mehr 10 Å- und 7 Å-Halloysit auf.

Abb. 89, Vergr. 100x

Horizont 2

Dieser ist gekennzeichnet durch eine intensive rötlichviolette Färbung und durch einen auffallend plattigen Zerfall. Die Grundmasse ist dicht, aber auch im Kleinbereich zeichnet sich schon eine Auflösung in 2–3 mm dicke, plattige Einzelschichten ab. Bei vereinzelt zu beobachtenden, sehr kleinen, glänzenden Einschlüssen dürfte es sich um Quarzeinstreuungen handeln.

Das Dünnschliff-Bild (Abb. 90) zeigt eine sehr dichte, in der Substanz auch mikroskopisch nicht mehr auflösbare Grundmasse mit Einschlüssen von rotbraunen Pyroxenen und relativ frischen Feldspäten. Zahlreiche Hohlformen sind auf herausgelöste Quarzkörner zurückzuführen.

In den Rissen ist es durchwegs zu Anlagerungen von hellen Tonmineral- und Fe-Oxid-Schichten gekommen. In einigen Hohlräumen finden sich Neubildungen in Form von Aggregaten aus runden bzw. hexagonal begrenzten Einzelteilchen (Abb. 91).

Die Minerale sind farblos bis gelblichbraun, und sowohl aus ihrer Kornform als auch aus der Art ihres Auftretens kann man annehmen, daß hier Anhäufungen von Gibbsit vorliegen. Diese Annahme wird auch durch die röntgenanalytischen Untersuchungen gestützt. Von den ehemaligen Olivinporphyroblasten finden sich meist nur mehr stark aufgelöste Bruchstücke.

Dabei sind sowohl in den rötlichen Partien Ansätze zu kugeligen Aggregaten (Hämatit?) zu erkennen als auch in den hellen, gelblichbraunen (Saponit?). Auch bei den letzten Resten der Pyroxenporphyroblasten (Abb. 92) scheinen sich die noch erhaltenen Spaltrißfüllungen in kugelige Kettenaggregate von Hämatit aufzulösen. Außerdem treten noch Einschlüsse auf, die fast ausschließlich aus fluidal angeordneten Sanidinleisten und einigen wenigen Magnetitkristallen bestehen. Dabei dürfte es sich wieder um Komponenten von mitgerissenem Nebengestein handeln (siehe Profil 1/B, S. 73).

Abb. 90, Vergr. 25x

RDA

Die Übersichtsaufnahme zeigt als stark vorherrschendes Mineral Hämatit; dann kommen Magnetit und 10 Å-Halloysit und in wesentlich kleineren Mengen Sanidin, Quarz, Ilmenit, Anatas, Gibbsit; in Spuren erscheinen auch 7 Å-Halloysit und Goethit.

In der Fraktion < 20 µ findet sich unverändert die gleiche Zusammensetzung, lediglich 7 Å-Halloysit hat etwas zu- und Magnetit abgenommen.

Die Fraktion < 2 µ unterscheidet sich nur insofern, als Goethit hier nicht mehr auftritt.

In der Fraktion < 1 µ sind auch Quarz und Anatas verschwunden, und der Gehalt an 10 Å- und 7 Å-Halloysit ist höher geworden.

Die Fraktion < 0,2 µ führt nur mehr geringe Mengen von 10 Å-Halloysit und Spuren von 7 Å-Halloysit sowie Cristobalit (und Tridymit?).

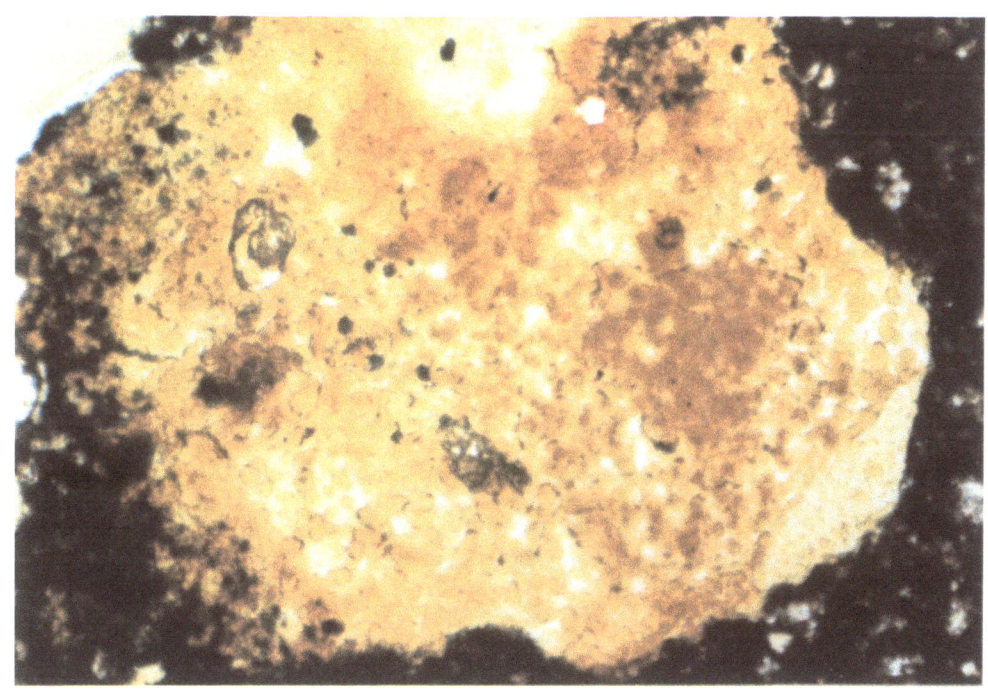

Abb. 91, Vergr. 250x

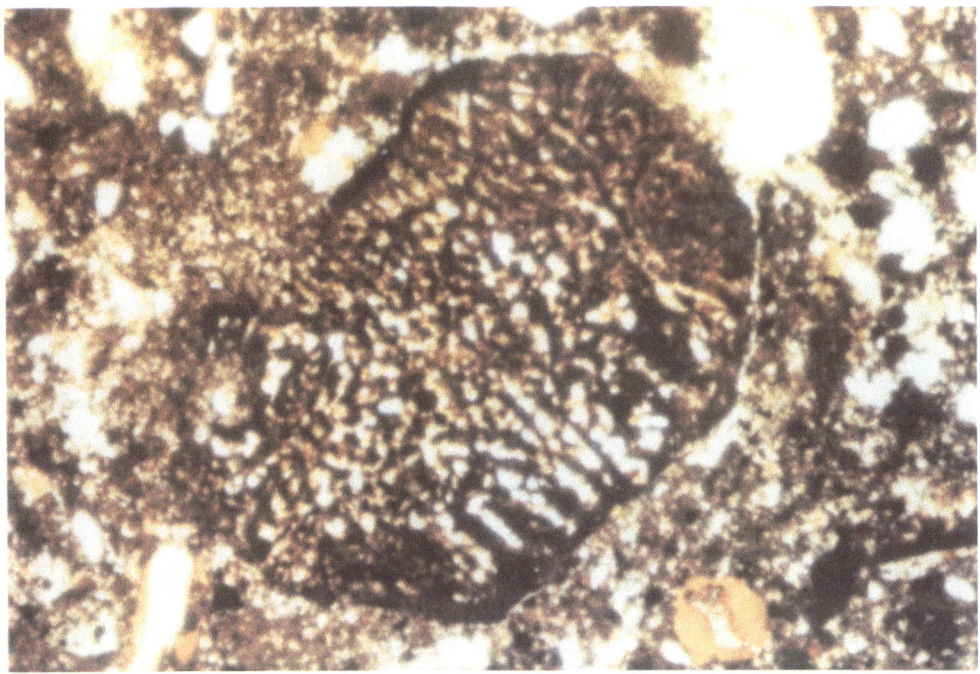

Abb. 92, Vergr. 100x

Horizont 1

Der dunkelbraune Oberflächenhorizont zeigt schon makroskopisch eine Menge von Einschlüssen. Die größten, die bis 5 mm groß werden können, sind hell, weißlichgrau und sind sicher wieder mitgerissene Nebengesteinstrümmer. In großer Zahl finden sich idiomorphe Sanidinkristalle mit 2–3 mm Korngröße. Ebenfalls mit freiem Auge erkennt man auch schwarze Magnetitwürfel und einige kleinere rote Pyroxeneinschlüsse. Ehemalige Wurzelgänge sind überwiegend mit schwarzen Substanzen ausgekleidet.

Ein typisches Gefügebild aus diesem Horizont zeigt Abb. 93: man erkennt große, gerundete, stark zersetzte Schlackentrümmer, ebenfalls abgerundete Einschlüsse von Feldspataggregaten mit Sanidinleisten in Fluidaltextur, einzelne Feldspäte und Magnetitkörner; in Rissen hellbraune Ton- und Fe-Oxid-Lagen sowie Reste organischer Substanzen. Vereinzelt finden sich hier auch gut erhaltene Quarzkörner (Korngröße bis 0,25 mm), die keine undulöse Auslöschung zeigen. Ehemalige Olivinporphyroblasten sind an ihren Umrissen zu erkennen; die Mineralsubstanz ist völlig weggelöst und durch Sekundärbildungen ersetzt.

Die Detailaufnahme (Abb. 94) zeigt einen Ausschnitt aus einem in Zersetzung begriffenen Sanidinkorn. Deutlich ist zu erkennen, daß genau in den Spaltrißsystemen die Neubildungen einsetzen, wobei zapfenförmige Erhebungen bzw. zusammenhängende flammenartig begrenzte Grate entstanden sind; offenbar finden sich auch hier bereits Vorstufen zur Halloysitkristallisation.

RDA

In der Übersichtsaufnahme dominieren Quarz und Sanidin; in wesentlich geringeren Mengen erscheinen 10 Å-Halloysit, Magnetit, Hämatit und 7 Å-Halloysit.

Die Fraktion < 20 μ zeigt ungefähr die gleiche Zusammensetzung, nur ist der Gehalt an 10 Å- und 7 Å-Halloysit höher geworden und Gibbsit neu dazugekommen.

In der Fraktion < 2 μ ist insofern eine Änderung eingetreten, als Magnetit verschwunden ist und der Sanidingehalt stark abgenommen hat.

In der Fraktion < 1 μ herrschen die Sekundärminerale 10 Å- und 7 Å-Halloysit stark vor; weiters finden sich noch Hämatit und Gibbsit.

In der Fraktion < 0,2 μ treten nur mehr größere Mengen von 10 Å-Halloysit und kleinere von 7 Å-Halloysit auf.

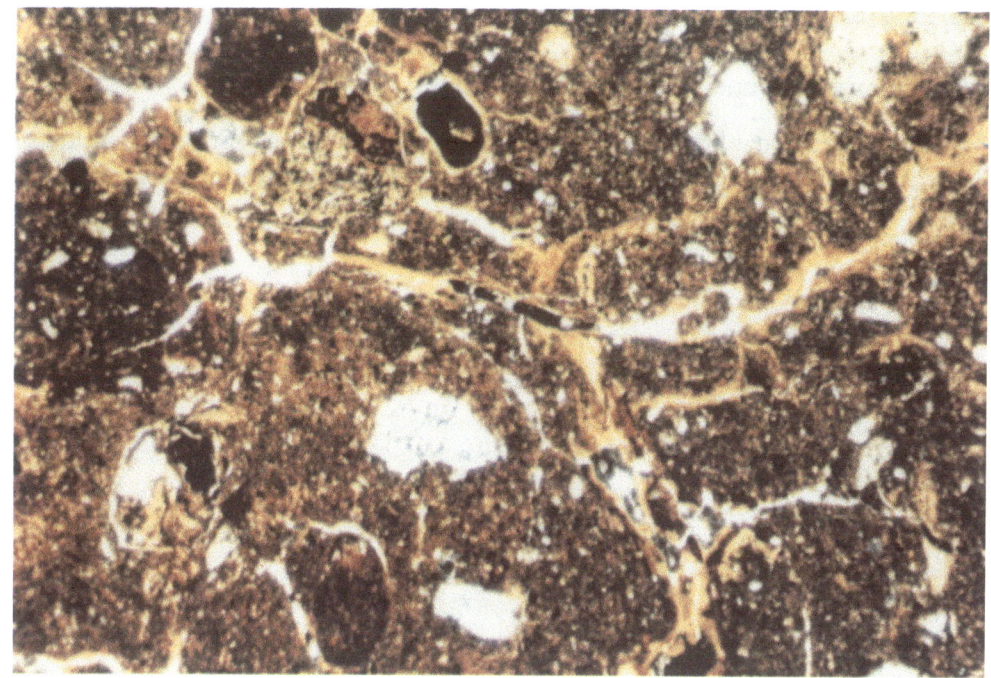

Abb. 93, Vergr. 25x

REM
Die Untersuchungen im Rasterelektronenmikroskop zeigten zahlreiche Auflösungsstrukturen; kristalline Neubildungen waren hier allerdings nicht festzustellen.

Abb. 94, Vergr. 100x

CHEMISMUS

Diagramme VII und VIII

Wieder zerfällt das gesamte Profil in drei Teilsequenzen, sodaß nur in diesen die Analysenergebnisse der einzelnen Horizonte direkt miteinander verglichen werden können.

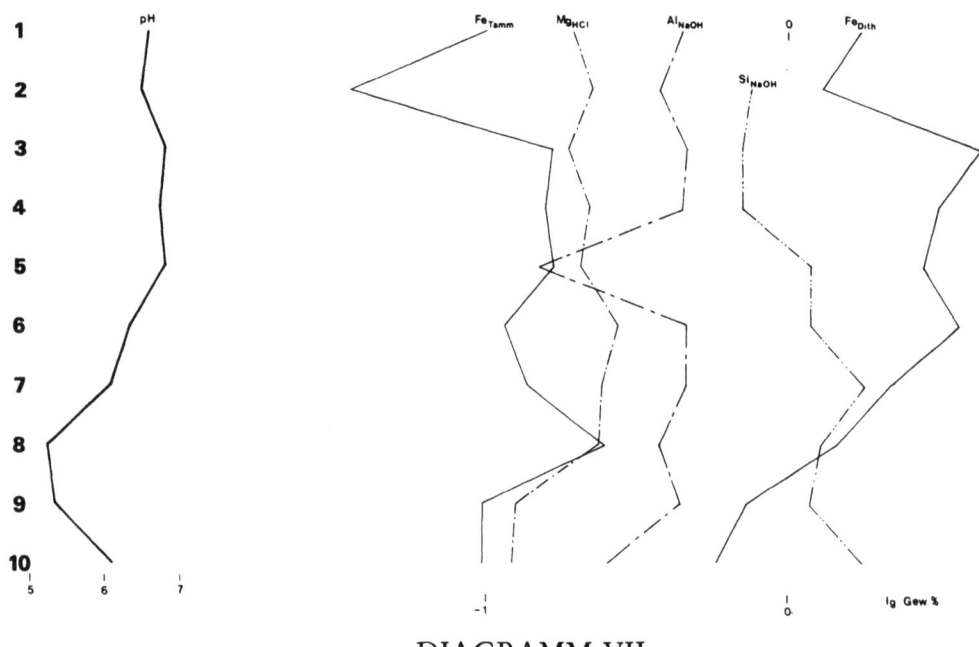

DIAGRAMM VII

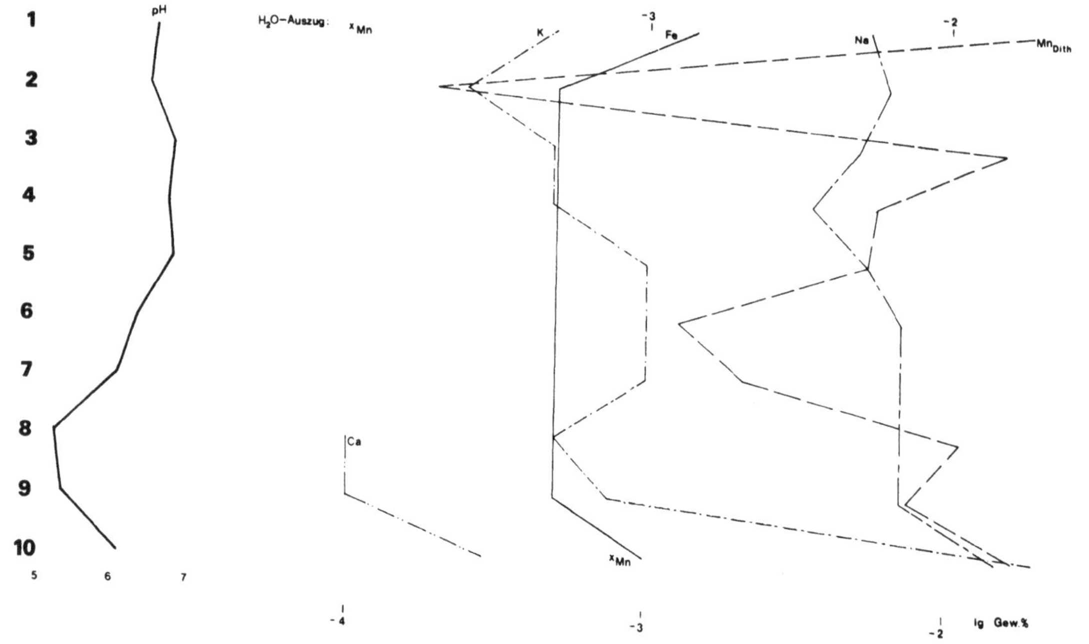

DIAGRAMM VIII

Interpretation

Horizont 10

Mit Ausnahme von Si und Mg zeigen die Löslichkeitskurven in diesem Horizont sehr niedrige Werte bzw. sogar Minimalwerte. Für Si und Mn dagegen haben sich hier sehr hohe Löslichkeiten ergeben, und außerdem erscheint auch das wasserlösliche K mit einem auffallend hohen Extremwert. Die starke Löslichkeit für Si steht in guter Übereinstimmung mit den Dünnschliff- und elektronenmikroskopischen Beobachtungen. Schon im Dünnschliff konnten Kieselsäure-Anreicherungen in den Zentren der Sekundärbildungen der Blasenräume festgestellt werden. Da, wie bereits einmal erwähnt, bei der Extraktion mit NaOH auch Tonminerale, Feldspäte und andere Silikate angegriffen werden (F. SCHEFFER und P. SCHACHTSCHABEL, 1973), kann der hohe Löslichkeitswert für Si hier sowohl auf Neubildungen als auch auf Primärminerale zurückgeführt werden. Einerseits zeigten die Feldspäte im Dünnschliff eine starke mechanische Deformation (siehe S. 97), andererseits fanden sie sich bei der RDA noch in der Fraktion $<2\mu$ als wesentliche Bestandteile (was ebenfalls für eine starke Kornzertrümmerung spricht), sodaß dadurch eine gute Aufbereitung für ein stärkeres Einsetzen der chemischen Verwitterung gegeben erscheint. Die hohen Werte für wasserlösliches K bestätigen ebenfalls diese Annahme. Wenn nun schon die recht verwitterungsbeständigen Kalifeldspäte so intensiv angegriffen wurden, müssen natürlich Olivine und Pyroxene noch viel weiter aufgelöst worden sein, was sich auch bei den elektronenmikroskopischen Untersuchungen bestätigte (siehe Abb. 77, 78). Die dabei freiwerdenden Ionen wurden in die Krustenbildung der Blasenräume wieder eingebaut, was für Ca und Ti aus einem Titanaugit mit der EDAX-Analyse nachgewiesen werden konnte. Außerdem zeigten diese Analysen ebenfalls, daß Si besonders an den Krustenoberflächen angereichert wurde und daher bei der NaOH-Extraktion leicht gelöst werden konnte.

Horizont 9

Bei Rückgang des pH-Wertes in den mäßig sauren Bereich zeigen die Löslichkeitskurven für Fe_{Dith}, Fe_{TAMM} und Mg_{HCl} eine schwache, für Al_{NaOH} eine starke Zunahme; Si_{NaOH} und Mn_{Dith} dagegen nehmen stark ab.

Die Feldspäte zeigen auch in diesem Horizont wieder starke Lösungserscheinungen (siehe Abb. 80), jedoch sind bereits große Mengen von Sekundärmineralen gebildet worden, und möglicherweise steht damit das Defizit in der Si-Löslichkeit in Zusammenhang.

Bemerkenswert ist der Unterschied im Quarz-Gehalt zwischen den Horizonten 10 und 9. Während die Röntgenanalyse bei 10 lediglich in der Gesamtübersicht Quarz nachwies, fand sich bei 9 auch noch in der Fraktion $<2\mu$ ein beträchtlicher Quarz-Anteil. Offenbar ist in dem ehemaligen Oberflächenhorizont (9) auch der Quarz durch die Verwitterung so stark angegriffen worden, daß er in kleine Korngrößen zerfiel. Zur Si-Löslichkeit scheint aber keine Beziehung zu bestehen.

Horizont 8

Mit dieser Schicht setzt eine neue Abfolge ein, was sich nicht nur durch einen unterschiedlichen Mineralbestand (RDA) bemerkbar macht, sondern auch in einer sprunghaften Veränderung bei fast allen Löslichkeitskurven. Auffallenderweise bleibt aber der pH-Wert konstant – er liegt weiter im mäßig sauren Bereich. Er erweist sich somit hier als von den mineralogischen Veränderungen völlig unabhängig, die Schwankungen innerhalb einer Verwitterungssequenz sind stärker als zwischen den einzelnen Abfolgen. Die Löslichkeitskurve für Fe_{TAMM} zeigt hier den höchsten Wert aus dem gesamten Profil. Die Anreicherung amorpher Fe-Oxide steht sicher in Zusammenhang mit der gelblichen Fleckung in diesem Horizont. Wieder tritt das Maximum der oxalatlöslichen Fe-Oxide beim niedrigsten pH-Wert auf.

Das sprunghafte Ansteigen der Löslichkeitskurven für Mg und Fe geht z. T. sicher auf die ehemaligen Olivinporphyroblasten zurück, die jetzt nur mehr als braune Pseudomorphosen vorliegen. Die hohe Mobilität eisenreicher Lösungen kommt auch durch die Krustenbildung an Feldspatkristallen zum Ausdruck.

Horizont 7

Während die Menge des dithionitlöslichen Fe in diesem Horizont zunimmt, geht der Gehalt an oxalatlöslichem zurück. Obwohl schon makroskopisch rötliche Farben stärker in Erscheinung traten und auch mikroskopisch zahlreiche rote Pseudomorphosen nach Pyroxenen festgestellt werden konnten, trat doch bei der Röntgenanalyse kein Hämatit auf. Offenbar reicht die Menge zur röntgenographischen Erfassung nicht aus.

Auch für Si findet sich in diesem Horizont ein Maximalwert. Damit stimmt gut überein, daß bei den EDAX-Analysen von Krustenschichten wieder Si als wichtigstes Element festgestellt wurde und daß weiters die Hohlraumfüllungen in den Aggregaten aus abgeplatzten Krustenpartikeln überhaupt nur aus Kieselsäuresubstanzen bestanden.

Es ist bemerkenswert, daß mit Ausnahme von Mg_{HCl} alle Kurven zwischen den Horizonten 2 und 3 starke Unterschiede – sowohl positive als auch negative – anzeigen, daß aber bei der Röntgenanalyse mineralogisch überhaupt keine Unterschiede herauskamen. Makroskopisch war dagegen auch durch die Unterschiede in Farbe und Gefüge eine Differenzierung leicht möglich. Daraus ergibt sich, daß hier die wesentlichen Veränderungen sich im nichtkristallinen Bereich (vor allem in der Grundmasse) abgespielt haben, die doch zu einer eindeutigen Schichtdifferenzierung geführt haben, ohne daß sie im Mineralbestand zum Ausdruck kommen. Das gilt für sämtliche Horizonte von 8 bis 4, die bei der RDA alle eine sehr einheitliche Zusammensetzung zeigten.

Horizont 6

Die Werte für Fe_{Dith}, Al_{NaOH} und Mg_{HCl} sind weiter angestiegen, wobei Al hier sogar den Maximalbetrag aus dem gesamten Profil erreicht; dagegen haben Fe_{TAMM} und Mn_{Dith} abgenommen.

Überhaupt auffallend für diese Teilabfolge ist die gute Übereinstimmung bei zwei Kurvenpaaren: einerseits zeigen Fe_{Dith} und Mg_{HCl} einen fast identen Verlauf, andererseits aber auch Fe_{TAMM} und Mn_{Dith}. Für Fe_{Dith} und Mg_{HCl} läßt sich die Parallelität durch die Möglichkeit einer gemeinsamen Herkunft aus der Olivinzersetzung ableiten. Fe_{TAMM} und Mn_{Dith} dagegen dürften aus Mischoxiden stammen, für die von F. SCHEFFER und P. SCHACHTSCHABEL (1973) eine allgemeine Formel mit $(Mn, Fe) - O_x(OH)_y$ angegeben wird; dazu gehören dann auch noch geringe Mengen von Ca, Ni, Al u. a. Aus diesen Mischoxiden, die sich durch die Adsorption von Mn^{++} und Fe^{++} an kleine MnO_2- bzw. $Fe(OH)_3$-Partikel bilden dürften, entstehen allmählich schwarzbraune Konkretionen und Flecken. Besonders deutlich treten diese Flecken aber erst ab dem Horizont 5 auf.

Horizont 5

Dieser Horizont ist durch eine besonders starke Abnahme von NaOH-löslichem Al deutlich gekennzeichnet, während sich bei den übrigen Kurven wesentlich geringere Schwankungen ergeben; der Wert für Si_{NaOH} bleibt überhaupt konstant. Die Al-Kurve dagegen zeigt zwischen den etwa gleich hohen Beträgen in den Horizonten 6 und 4 einen auffallenden Minimalwert. Hier könnte eine Beziehung zu den röntgenanalytischen Untersuchungen vorliegen.

Während in den Horizonten 6 und 4 an Hand von gut identifizierbaren Reflexen Halloysit auch in der Fraktion $<0,2\mu$ noch eindeutig nachgewiesen werden konnte, fanden sich in 5 lediglich Spuren. In der Fraktion <1μ zeigten sich ebenfalls starke Unterschiede im Halloysit-Gehalt. Möglicherweise steht damit das Defizit der Löslichkeitskurve im Horizont 5 in Zusammenhang. Es ist bemerkenswert, daß diese starken Schwankungen bei ± gleichbleibendem pH-Wert auftreten.

Horizont 4

In diesem Horizont, der die oberste Schicht der Teilabfolge darstellt, zeigen außer Si und Mg alle Löslichkeitskurven hohe Werte an, wodurch ebenfalls ein stärkerer Verwitterungsgrad zum Ausdruck kommt. Schon bei der RDA konnte festgestellt werden, daß – im Gegensatz zu den unterlagernden Schichten – auch der verwitterungsbeständige Magnetit nicht mehr auftritt und bereits die Übersichtsaufnahme ausschließlich das neugebildete Mineral Halloysit zeigte.

Der Gehalt an NaOH-löslichem Si ist stark zurückgegangen, was schon bei den EDAX-Analysen der Krustenbildungen zutage trat, in denen eindeutig Fe dominierte, während sämtliche anderen Elemente nur eine sehr untergeordnete Rolle spielten.

Horizont 3

Mit dieser Schicht beginnt die oberste und letzte Teilabfolge im Profil, was sich auch in einigen starken Schwankungen der Löslichkeitskurven bemerkbar macht; so zeigen vor allem Fe_{Dith} und Mn_{Dith} gegenüber dem Horizont 4 eine starke Zunahme. Das dithionitlösliche Fe erreicht hier überhaupt den höchsten Wert aus dem gesamten Profil; beim oxalatlöslichen dagegen erscheint nur eine durchschnittliche Menge. Der hohe Wert von Fe_{Dith} dürfte zum Großteil auf Hämatit zurückgehen, das in diesem Horizont zum ersten Mal in der gesamten Sequenz auch in der Röntgenanalyse deutlich zum Ausdruck kommt. In den Dünnschliffen konnte ebenfalls eine besonders intensive Rotfärbung bei den Pseudomorphosen beobachtet werden. Außerdem zeigte sich, daß hier der Hämatit eine neue Verwitterungsbildung darstellt (siehe Abb. 89): zu einer stärkeren Anreicherung ist es immer an den Rändern der Kristalle und an den Säumen der durch Lösung entstandenen Hohlräume im Innern der Pseudomorphosen gekommen. In der Fraktion <1μ taucht zum ersten Mal in diesem Profil das Sekundärmineral Gibbsit auf, das bekanntlich als Verwitterungsbildung aus sämtlichen Al-führenden, gesteinsbildenden Mineralen entstehen kann (W. E. TRÖGER, 1967).

Horizont 2

Aus mehreren Gründen fällt dieser Horizont aus der gesamten Abfolge heraus. Mit Ausnahme von Si_{NaOH} und Mg_{HCl} zeigen sämtliche Löslichkeitskurven eine sehr deutliche Abnahme, wobei sich vor allem zwischen Fe_{Dith} und Fe_{TAMM} ein fast identer Kurvenverlauf ergibt. Außerdem treten hier aber auch Minerale auf (siehe RDA), die sich sonst in keinem Horizont dieses Profils finden, nämlich Anatas und Ilmenit; ebenfalls bemerkenswert ist die starke Gibbsit-Anreicherung, die von der Gesamtübersicht bis zur Fraktion <1μ festgestellt werden konnte.

Anatas und Ilmenit charakterisieren die Verwitterungsstufe 13 bei M. L. JACKSON und G. D. SHERMAN (1953), die in einer Verwitterungssequenz der Minerale mit Korngröße <2μ aus Böden und Sedimenten die letzte Stufe darstellt und damit die intensivsten Verwitterungsbedingungen anzeigt. Diese Anreicherung von Ti-Mineralen fällt zusammen mit einer besonders deutlichen Abnahme der Fe-Oxide. Schon G. D. SHERMAN (1952) fand, daß es zur höchsten Konzentration von Ti unter Bedingungen kommt, bei denen gleichzeitig durch periodische Reduktion die Fe-Oxide entfernt werden. Für die Anreicherung von Anatas und Ilmenit geben M. L. JACKSON und G. D. SHERMAN (1953) ein Zusammenwirken mehrerer Mechanismen an, indem Anatas durch aufsteigende Wässer zur Oberfläche gebracht wird, während Ilmenit entweder die Verwitterungseinflüsse gut überstanden hat oder durch die Dehydration von Lepidokrokit und Leukoxen nahe der Oberfläche neugebildet worden ist. Schon früher hatten G. J. HOUGH et al. (1941) angenommen, daß die Anwesenheit von Anatas sowohl synthetische Vorgänge als auch Anreicherungen besonders stabiler Reste anzeigt. In den hier behandelten Gesteinen kann sich Anatas jedenfalls auf Kosten der Pyroxene, aber auch als Pseudomorphose nach Ilmenit gebildet haben. Ilmenit dagegen ist sicher als Restbestand aus der ursprünglichen Mineralparagenese aufzufassen, da sein Bildungsbereich vorwiegend bei magmatischen Temperaturen liegt (W. E. TRÖGER, 1967). Dagegen besitzt Gibbsit ein sehr weites Existenzgebiet (G. C. KENNEDY, 1959) — bei Atmosphärendruck etwa 0—100° C. T. F. BATES (1962) fand bei seinen Studien zur Verwitterung der vulkanischen Gesteine von Hawaii charakteristische Unterschiede bei den Verwitterungsprodukten in Abhängigkeit von der Löslichkeit. Bei nur mäßiger Lösung bildete sich aus den Plagioklasen Halloysit und aus vulkanischem Glas Allophan zusammen mit Al- und Si-Gelen. Wo jedoch die Lösungsbedingungen optimal waren, entstanden Gibbsit und amorphe Al- und Fe-Hydrate als Endprodukte. Nach T. F. BATES kann Gibbsit auf drei Arten entstehen: a) Entfernung des Si aus Halloysit, b) Dehydration von Al-Gelen, c) Fällung aus der Lösung. Auf jeden Fall kommt auch dem Niederschlag eine wesentliche Rolle bei der Gibbsit-Bildung zu; vor allem entsteht er in Gebieten mit kontinuierlicher Feuchtigkeit (G. D. SHERMAN, 1952). Auf unser Profil bezogen bedeuten diese Feststellungen einen Wechsel der klimatischen Bedingungen nach der Sedimentation der zweiten Teilabfolge. In sämtlichen Horizonten des Profils findet sich Halloysit als dominierendes Sekundärmineral, aber ausschließlich die drei obersten Horizonte sind außerdem durch eine auffallende Gibbsit-Anreicherung gekennzeichnet. Genetisch besteht kein Zusammenhang zwischen diesen und den darunterliegenden Schichten, wie an Hand der Dünnschliff- und RDA-Untersuchungen festgestellt wurde. Da sich der Gibbsit in den Horizonten 3, 2 und 1 nicht auf Kosten des Halloysits gebildet hat, der auch hier, wie in allen übrigen Lagen, zu den Hauptgemengteilen zählt, muß ein zusätzlicher Faktor für sein Auftauchen bestimmend sein. In unterschiedlichen Ausgangssubstanzen kann die Ursache nicht begründet sein, weil Feldspat auch im Horizont 8 festgestellt werden konnte und sich diese Unterschiede auch in der Halloysit-Genese hätten bemerkbar machen müssen. Es liegt daher nahe, die plötzlich einsetzende Gibbsit-Bildung auf die kontinuierliche Feuchtigkeit des heutigen Klimas zurückzuführen.

Neben der Gibbsit-, Anatas- und Ilmenit-Führung ist dieser Horizont auch noch durch einen schwachen Goethit-Gehalt gekennzeichnet. Es ist auffallend, daß gerade der mittlere der drei Horizonte 3, 2 und 1 den stärksten Verwitterungsgrad aufweist. Offenbar hat hier das Wechselspiel zwischen Oberflächeneinflüssen und Vorgängen, die durch das Substrat bzw. das Hangwasser bedingt sind, optimale Verhältnisse für die Auflösung und Neubildung von Mineralen geschaffen.

Horizont 1

Die Löslichkeitskurven für Fe_{Dith}, Fe_{TAMM}, Mn_{Dith} und Al_{NaOH} steigen in diesem Horizont wieder an, während Mg_{HCl} zurückgeht und Si_{NaOH} überhaupt einen Wert nahe bei Null zeigt. An dem äußerst geringen Wert trotz starker Quarz-Anreicherung gerade in diesem Horizont ist zu erkennen, daß die Quarzkörner durch die Verwitterung offenbar überhaupt nicht angegriffen werden konnten.

Gibbsit tritt auch hier wieder auf, dagegen nicht Anatas und Ilmenit, die nach M. L. JACKSON und G. D. SHERMAN die intensivste Verwitterungsstufe anzeigen. Besonders auffallend ist die starke Abnahme von Hämatit gegenüber Horizont 2 (siehe RDA). Da gleichzeitig der Wert für Fe_{Dith} angestiegen ist, kann diese Zunahme ± vollständig auf amorphe Fe-Oxide zurückgeführt werden.

Vergleichsprofil B'

Wie bereits kurz erwähnt (siehe S. 78), ist am Westrand des äußeren (jüngeren) Kraters durch die Bedeckung mit einem geringmächtigen, jungen Basaltstrom der obere Teil des Profils (Horizonte 6' bis 1') besser erhalten geblieben; zu Vergleichszwecken wurde auch diese Abfolge beprobt.

Mineralogie und Petrographie

Horizont 6'

An der Basis dieser Teilabfolge liegt ein intensiv gelblichbrauner Horizont. Als Einschlüsse sind zu erkennen: größere stark durchgaste Schlackentrümmer, 3–4 mm große gelbbraun glänzende angewitterte Olivine, rote und schwarze, völlig zersetzte Reste ehemaliger Porphyroblasten.

Abb. 95 zeigt das Gefüge der Schlackenkomponenten: die Grundmasse besteht aus kleinen Magnetitkörnchen und hellbraunen, auch im Mikroskop nicht weiter auflösbaren Substanzen; als Einschlüsse treten vor allem leistenförmige, ehemalige Feldspäte auf.

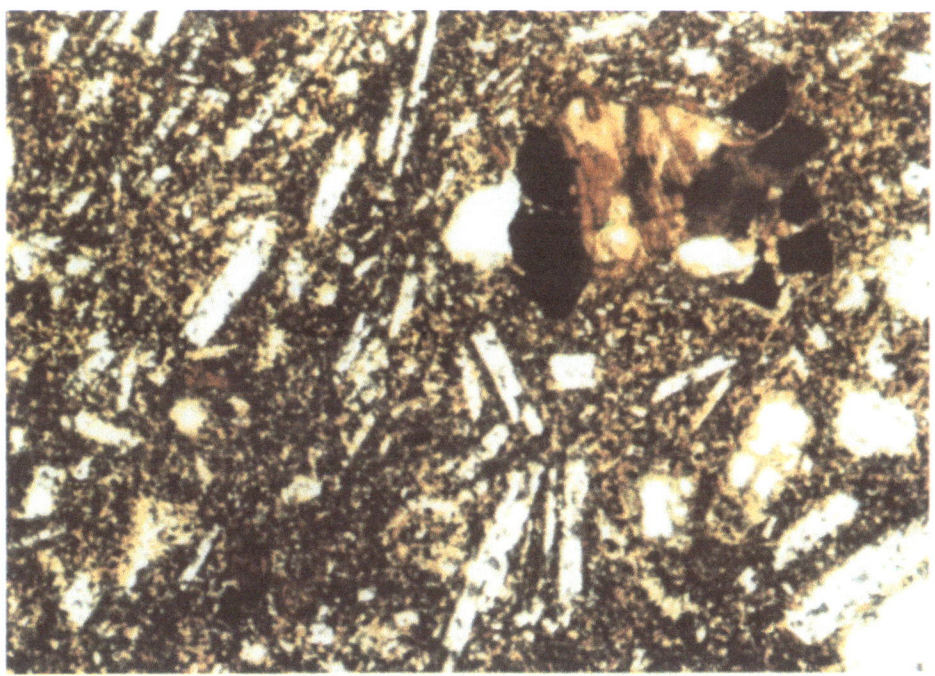

Abb. 95, Vergr. 100x

Allerdings ist von der ursprünglichen Feldspatsubstanz überhaupt nichts mehr übriggeblieben, sie ist vollständig weggelöst (auch bei den Röntgenanalysen konnten nicht einmal Spuren von Feldspäten nachgewiesen werden). Noch erhalten haben sich dagegen die größeren Magnetitkörner und Reste der Olivinporphyroblasten.

RDA

Bei den Röntgenanalysen ergaben sich für alle Fraktionen sehr einheitliche Zusammensetzungen aus 10 Å- und 7 Å-Halloysit. Nur in der Gesamtübersicht fanden sich auch geringe Mengen von Magnetit und Spuren von Goethit.

TABELLE V

Horizont	Gesamtübersicht	Fraktion <20μ	<2μ	<1μ	<0,2μ
1'	■ ◇ ▼▼▼ ▲▲▲ ▶▶ ◀ ●	▼▼ ▲ ▶ ● ○	▼ ● ○	◐ ◌	
2'	■ □ ▼▼▼▼ ♦♦♦ ●● ○	▼▼▼▼ ♦♦♦ ●● ○	▼▼ ●●● ○○ □	●●●● ○○ □	●●● □
3'	■ ▼▼▼▼ ♦ ●●●	▼▼ ●●	▼▼ ●●● ◌	●●● ◌	● ◌
4'	■ ▼ ♦♦ ●● ◌	◌ ▼▼▼ ♦ ●● ○○	▼▼ ●● ○○	●●● ○	●● ◌
5'	■ △ ▶▶ ●●	■ ● ○	●● ○○	●●●●	●●●
6'	■ △ ●● ◌	● ○	● ○○	●●● ○	●● ○

REM

Abb. 96 zeigt die verkrustete Innenwand eines Blasenraumes aus der hohlraumreichen Schlacke. Nach der EDAX-Analyse ist die Oberfläche der Krusten hauptsächlich aus Fe und Al, untergeordnet auch Si zusammengesetzt. In der stark reliefierten Kruste ist eine Reihe von kreisrunden Hohlräumen zu beobachten. Im Detail erkennt man, daß es sich dabei um kraterförmige Erhebungen handelt. Offenbar ist es in den letzten Phasen der Erstarrung zum Aufplatzen einzelner noch vorhandener Gasblasen gekommen, wobei diese ringförmigen Wälle aufgeworfen wurden. Natürlich sind auch sie später von Verwitterungskrusten überzogen worden. An anderen Stellen, wo Teile der Kruste bereits weggebrochen sind, erscheinen Neubildungen (Abb. 97), wie sie in ähnlicher Form bereits aus dem Horizont 1/B/7 (siehe Abb. 51) beschrieben wurden. Nach der EDAX-Analyse besteht hier die Kruste vor allem aus Si und Al und stark zurücktretend Fe. Unter dieser homogenen Oberfläche finden sich Aggregate aus unregelmäßig gebogenen und geknickten Formen, und ich möchte annehmen, daß es sich auch bei diesen Verwachsungen wieder um die polsterartigen Neubildungen aus Halloysit handelt.

121

Abb. 96,
Vergr. 5k

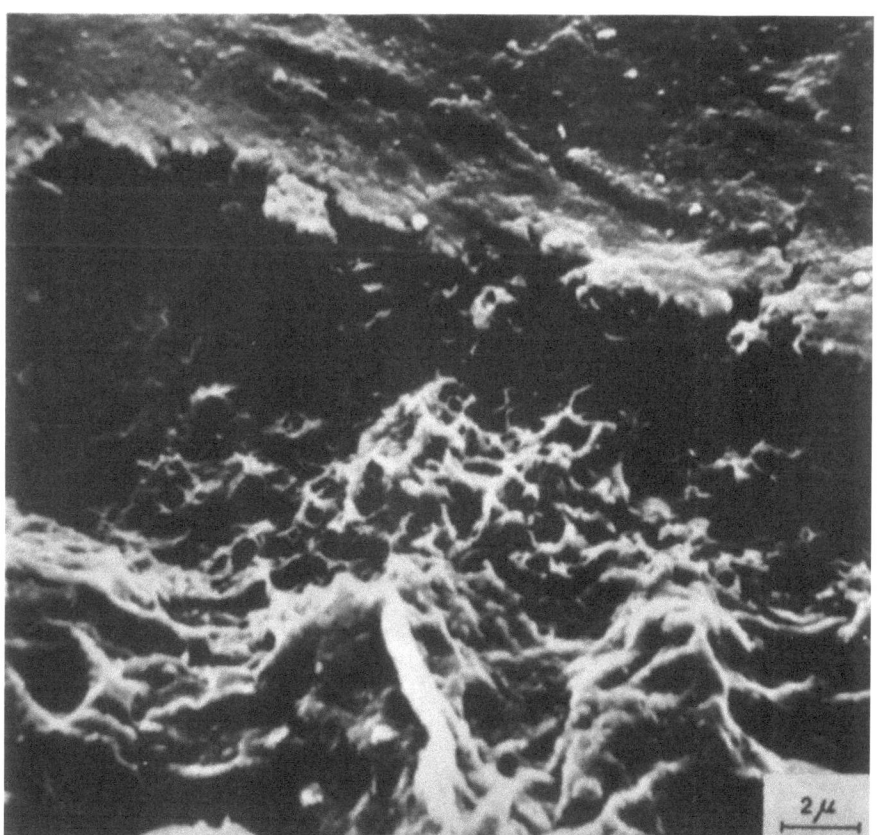

Abb. 97,
Vergr. 5k

Horizont 5'

Bei diesem braunen, stark fleckigen Horizont kommt die Schlackenstruktur ebenfalls makroskopisch noch gut zum Ausdruck. Besonders deutlich treten hier bis 5 mm große, hellbraun glänzende Reste der ursprünglichen Olivinporphyroblasten in Erscheinung. Auch die Blasenräume in den Schlacken sind stellenweise noch gut erhalten. Wurzelgänge sind mit dunklen, bläulichschwarzen Substanzen ausgekleidet.

Im Dünnschliff zeigt sich ein starker Unterschied zwischen den Schlackenkomponenten und der Grundmasse. Auf Abb. 98 erkennt man in der überwiegend hellbraunen Grundmasse Bruchstücke von Olivineinsprenglingen und wesentlich kleinere Magnetitkörnchen.

Sämtliche Hohlräume sind ± vollständig mit doppelbrechenden Substanzen – Tonmineralpakete mit unterschiedlichem Fe-Oxid-Gehalt – gefüllt. Charakteristisch sind auch hier (wie in Horizont 6') die zahlreichen ehemaligen Feldspäte, deren Substanzen wieder völlig weggelöst sind. Daneben treten größere, vollkommen mit Fe-Oxiden durchsetzte Pyroxenpseudomorphosen auf. In den Blasenräumen dieser Schlacken finden sich keine kristallinen Neubildungen, sondern dunkle Bodensubstanzen. Bei einigen Hohlräumen können Randsäume aus farblosen SiO_2-Kristallisaten beobachtet werden.

RDA

In der Übersichtsaufnahme erscheint vorherrschend 10 Å-Halloysit, in geringeren Mengen Magnetit und Diopsid, in Spuren Goethit.

Die Fraktion < 20 μ zeigt 10 Å-, 7 Å-Halloysit und Magnetit in etwa gleichen Anteilen.

In der Fraktion < 2 μ und < 1 μ treten 10 Å- und 7 Å-Halloysit auf; in der Fraktion < 0,2 μ ist 7 Å-Halloysit verschwunden.

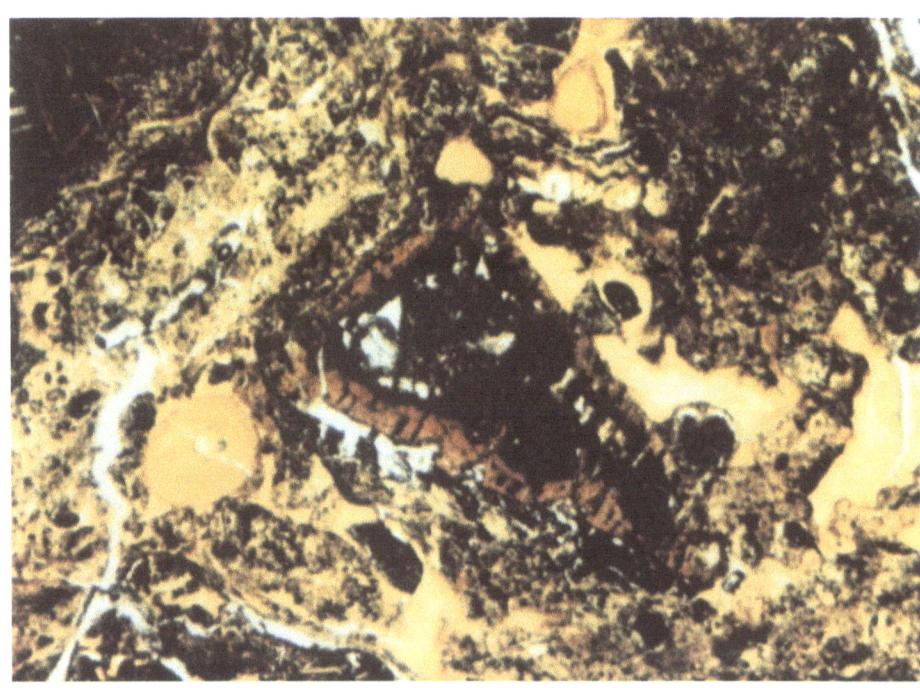

Abb. 98, Vergr. 40x

REM

Auf Abb. 99 ist die krustenartige Auskleidung eines Schlackenhohlraumes zu erkennen; die Kruste selbst ist in mehrere Teile zerbrochen, wobei auch die polster- und kugelförmigen Neubildungen aus der Krustenoberfläche gespalten wurden, sodaß die Internstrukturen dieser Aggregate sichtbar werden. Dabei zeigt sich ein deutlicher Unterschied zwischen den inneren und äußeren Partien sowohl in struktureller als auch in chemischer Sicht. Die äußere, noch dichtere Schicht, die sich anscheinend in blättchenförmige Einzelteile aufzulösen beginnt, besteht nach der EDAX-Analyse vorwiegend aus Si, gefolgt von Fe und Al. Abb. 100 zeigt eine Detailaufnahme aus dem Zentrum der kugelförmigen Neubildungen. Die blättrigen Strukturen gehen allmählich in stengelige über, wobei von den Rändern der Blätter weg einzelne gekrümmte Stengel fortzuwachsen scheinen; direkt in der Mitte dürfte dabei ein Hohlraum entstanden sein. Bei der chemischen Zusammensetzung dominiert hier Fe vor Si und Al, in kleineren Mengen erscheint Ti. Möglicherweise geht auch hier der Ti-Gehalt auf die Zersetzung der Pyroxene zurück, die sowohl im Dünnschliff als auch bei der RDA festgestellt werden konnten.

Die Ausbildungsform der gekrümmten Stengel läßt die einsetzende Halloysit-Kristallisation vermuten; Fe und Ti müßten dann in den dichteren Partien des Zentrums, aus denen die Stengel aufwachsen, zurückgeblieben sein.

Die Anreicherung von Fe und Ti in den inneren Bereichen der Polsteraggregate und damit auch der Krustenschichten stimmt gut überein mit den Beobachtungen, die schon im Horizont 10 (siehe Abb. 78) gemacht werden konnten.

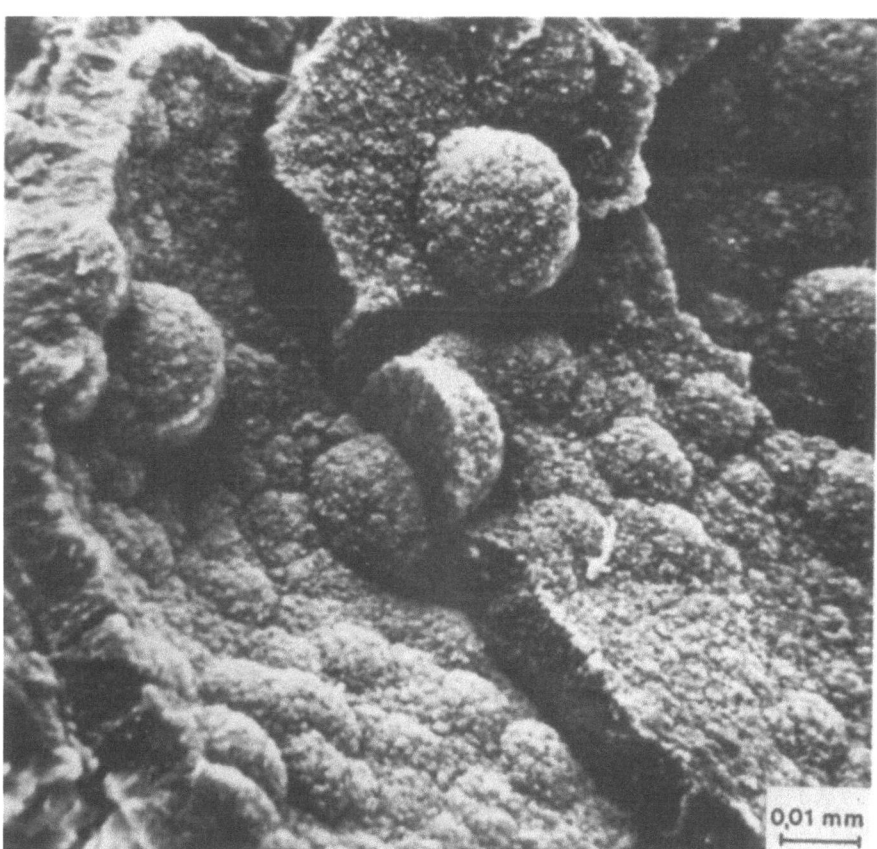

Abb. 99, Vergr. 1k

124

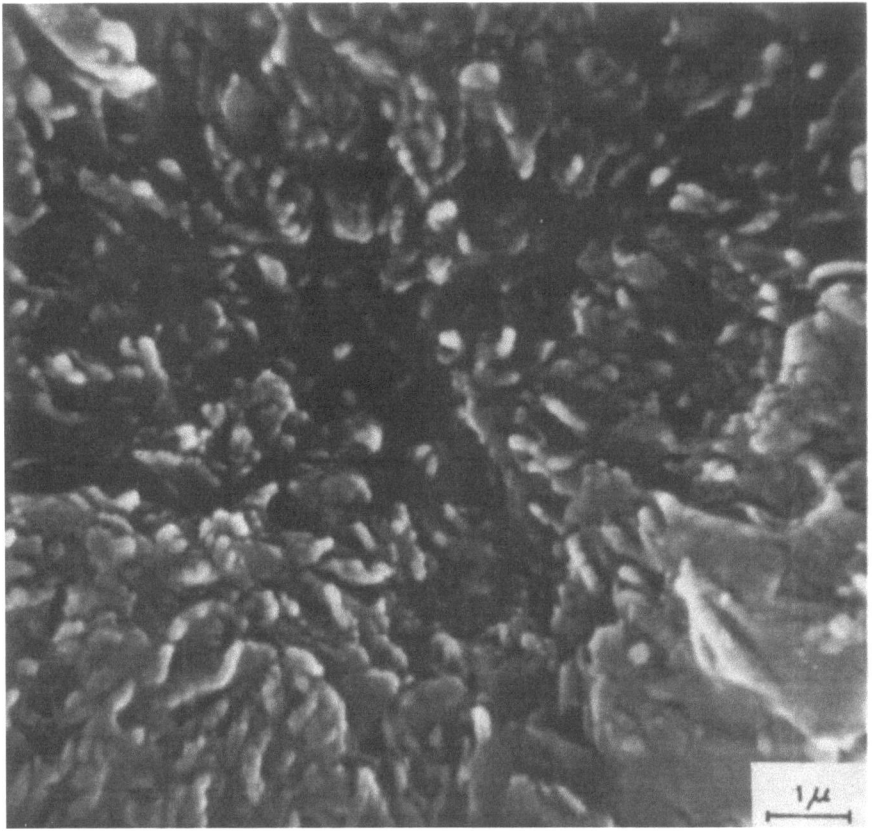

Abb. 100, Vergr. 10k

Horizont 4'

Diese rotlehmartige Schicht ist gekennzeichnet durch einen blockigen bis prismatischen Zerfall. Makroskopisch erkennt man größere, rote und gelblich braune Einsprenglinge von stark zersetzten ehemaligen Porphyroblasten und kleinere (ca. 1–2 mm), noch deutlich glänzende Feldspateinschlüsse. Bei den matten, 3–4 mm großen Einsprenglingen dürfte es sich wieder um mitgerissene Nebengesteinstrümmer handeln. Stellenweise treten dünne gelblichweiße Krustenbildungen auf.

Das Dünnschliffbild (Abb. 101) zeigt eine sehr dichte Grundmasse mit Einschlüssen von kleinen Schlackentrümmern, Sanidinaggregaten, Sanidin-Einzelkristallen und Magnetitkörnern. Spalten und größere Hohlräume sind vollständig mit hell- bis dunkelbraunen Sekundärbildungen gefüllt; die durchwegs doppelbrechenden Substanzen zeigen auch hier wieder eine rhythmische Anlagerung in konzentrisch-schaliger Form. Relativ frisch liegen die Sanidin-Einzelkristalle vor, die keine genetische Beziehung zur umgebenden Grundmasse erkennen lassen.

RDA

In der Übersichtsaufnahme herrscht das neugebildete Mineral 10 Å-Halloysit vor, dann folgen Quarz, Sanidin, Magnetit und in Spuren 7 Å-Halloysit.

Die Fraktion < 20 µ zeigt überwiegend Sanidin, was darauf hinweist, daß dieses Mineral hauptsächlich in kleinen Korngrößen vorliegt (Einfluß der physikalischen Verwitterung!); weiters finden sich 10 Å- und 7 Å-Halloysit, Quarz und in Spuren Hämatit.

In der Fraktion < 2 µ ist Quarz verschwunden, und von den Primärmineralen tritt nur mehr Sanidin auf; daneben erscheinen wieder 10 Å- und 7 Å-Halloysit.

Die Fraktion < 1 µ schließlich besteht nur mehr aus 10 Å- und geringen Mengen 7 Å-Halloysit.

Auch in der Fraktion < 0,2 µ findet sich noch 10 Å-Halloysit und in Spuren 7 Å-Halloysit.

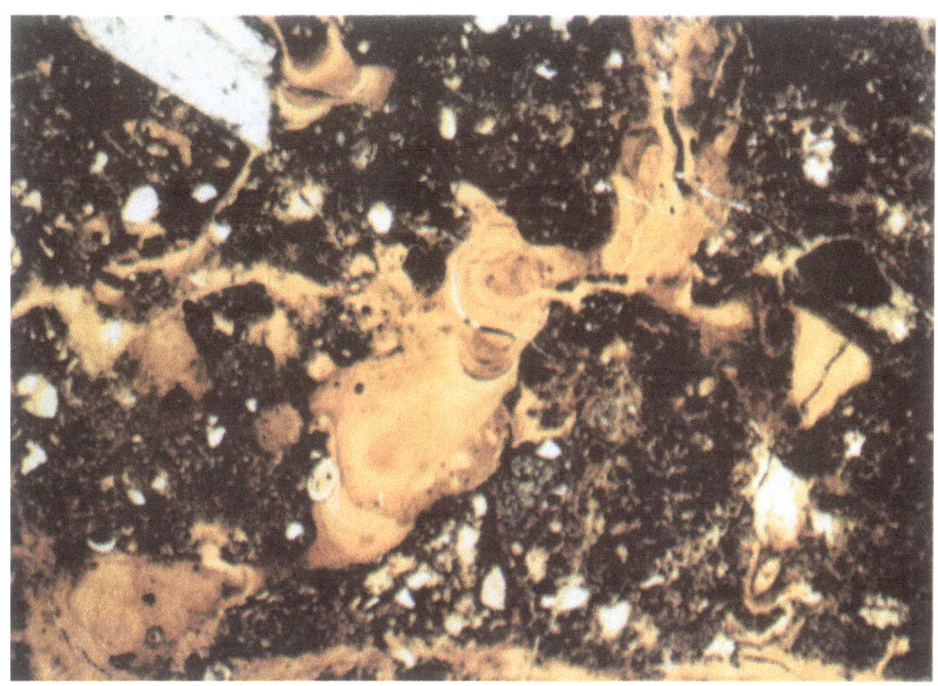

Abb. 101, Vergr. 25x

REM
Abb. 102 zeigt die verwitterungsbedingte Auflösung in den Primärmineralen (hier

Abb. 102, Vergr. 1k

wahrscheinlich Olivin). Erhalten geblieben sind nur der Rand und Füllsubstanzen in den ehemaligen Spaltrissen des Kristalls.

Die EDAX-Analyse ergab fast ausschließlich Fe und nur ganz untergeordnet auch etwas Si. Demnach ist von den Primärsubstanzen Mg vollständig und Si zum Großteil abgeführt worden, während Fe als krustenbildende Substanz erhalten blieb.

Horizont 3'

Dieser Horizont bildet eine auffallend helle, weißlichgelbe Lage, die – soweit sie nicht erosiv abgetragen wurde – am äußeren Kraterrand über längere Strecken durchgehend verfolgt werden kann. Sie ist sehr inhomogen aufgebaut, in der dichten Grundmasse lassen sich mit freiem Auge zahlreiche weiße und graue, eckige und gerundete Einsprenglinge feststellen. 1–2 mm große Feldspateinschlüsse sind an den glänzenden Spaltflächen zu erkennen.

Auch im Dünnschliff-Bild (Abb. 103) zeigt sich der gute Erhaltungszustand der Sanidinkristalle; allerdings liegen sie überwiegend nicht idiomorph, sondern in unregelmäßig begrenzten Bruchformen vor.

Offenbar sind sie einer mechanischen Beanspruchung beim Transport ausgesetzt gewesen; Umwandlungserscheinungen durch chemische Verwitterung sind nicht zu beobachten. Sämtliche andere Einsprenglinge sind dagegen stark angegriffen bzw. aufgelöst. Ehemalige Olivine und Pyroxene können zwar an ihren Umrissen noch erkannt werden, die Primärsubstanzen sind jedoch völlig verschwunden, und auch die Fe-Oxid-Pseudomorphosen befinden sich meist bereits in extremen Auflösungsstadien (siehe Abb. 104).

Komponenten mit Sanidin- und Magnetitaggregaten zeigen ebenfalls die Verwitterungseinflüsse.

Spalten und Hohlräume sind entweder mit Resten organischer Substanzen oder mit Tonmineralen und Fe-Oxiden gefüllt, wobei sich auch hier wieder konzentrische Anlagerungsstrukturen erkennen lassen.

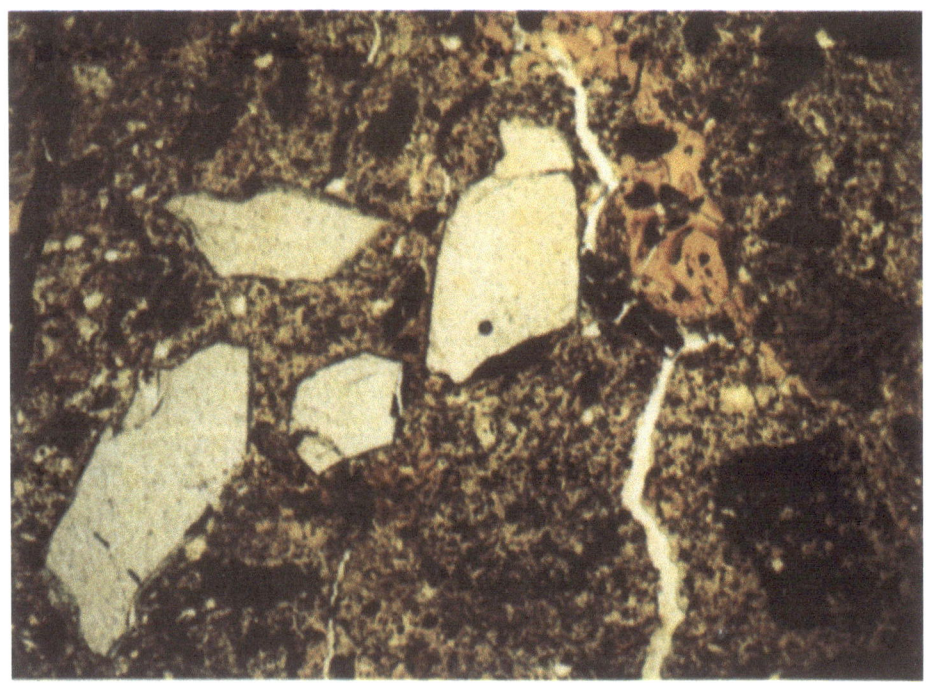

Abb. 103, Vergr. 25x

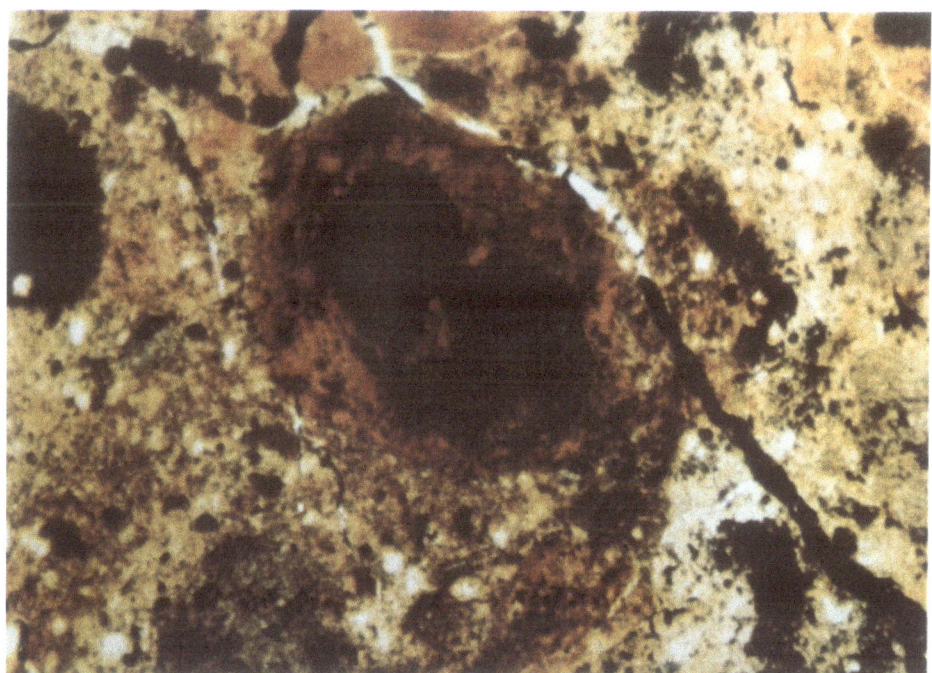

Abb. 104, Vergr. 40x

Sanidinleisten und Magnetit sind subparallel im Fluidalgefüge angeordnet; im Gegensatz zu den wesentlich größeren Sanidin-Einzelkristallen (häufig mit regelmäßig

Abb. 105, Vergr. 20k

angeordneten primären Entmischungsstrukturen) sind die Feldspäte aus diesen Trümmern von mitgerissenem Nebengestein stark zersetzt.

RDA

In der Übersichtsaufnahme herrscht eindeutig Sanidin vor, gefolgt von 10 Å-Halloysit und etwas Quarz.

Die Fraktion $< 20\ \mu$ zeigt in etwa gleicher Menge Sanidin und 10 Å-Halloysit.

In der Fraktion $< 2\ \mu$ überwiegt bereits 10 Å-Halloysit den Sanidin, und in Spuren erscheint auch 7 Å-Halloysit.

Die gleiche Halloysit-Zusammensetzung erscheint auch in der Fraktion $< 1\ \mu$, Sanidin dagegen ist verschwunden.

In der Fraktion $< 0,2\ \mu$ finden sich noch geringe Mengen von 10 Å-Halloysit und in Spuren 7 Å-Halloysit.

REM

Abb. 105 zeigt eine Kristallfläche mit Neubildungen, die punkt- und streifenförmig aufgewachsen sind; es überwiegen runde bzw. kugelige Formen, wobei sich auch aus den Neubildungsstreifen kugelige Aggregate abzutrennen beginnen.

Horizont 2'

Über dem hellen, gelblichweißen Horizont (3') erscheint wieder eine rotlehmartige Schicht. Sie ist sehr inhomogen aufgebaut; in einer dichten rötlichbraunen Grundmasse stecken zahlreiche Einsprenglinge: 3–4 mm große, dunkelbraune Fe-Oxid-Pseudomorphosen nach Olivin (?); unterschiedlich große, weiße und graue, eckige bis kantengerundete Trümmer – mitgerissenes Nebengestein; 1–2 mm große, stark glänzende Sanidin-Kristalle. An Grenzflächen der krümeligen Aggregate treten stellenweise schwarze Mn-Oxid-Beläge auf. Im Dünnschliff (Abb. 106) erkennt man eine noch dichtere Grundmasse als im Horizont 3' und damit ein weiter fortgeschrittenes Verwitterungsstadium.

Sämtliche Risse und Hohlräume sind mit hellbraunen, schichtig strukturierten Tonmineral- und Fe-Oxid-Substanzen gefüllt. Als Einschlüsse in der Grundmasse finden sich ± frische Sanidinkristalle, angewitterte Schichtsilikate (Biotitschuppen mit randlicher Auffaserung und partieller Entmischung) sowie grobe, überwiegend gerundete Komponenten mit Fluidaltextur. Diese bis 4 mm großen Einsprenglinge zeigen die stärksten Zersetzungserscheinungen. Überwiegend ist zwar das Fließgefüge durch subparallel angeordnete Sanidinleisten noch zu erkennen, obwohl die Korngrenzen häufig bereits in stark verschwommener Form auftreten; stellenweise ist es aber in diesen Aggregaten zu Rekristallisationen gekommen, wodurch unregelmäßig begrenzte Partien mit einem Feinkornpflaster entstanden (rekristallisierte Kieselsäure); dazwischen erscheinen fleckenweise wesentlich stärker doppelbrechende Minerale mit bunten Interferenzfarben (Serizit). Bei einzelnen Einschlüssen ist diese Umwandlung bis zur Rekristallisation der gesamten Aggregation fortgeschritten (makroskopisch als hellgraue, matte Komponenten erkennbar). Dagegen zeigen die Sanidin-Einzelkristalle auch hier nur perthitische Entmischungsstrukturen.

RDA

Die Gesamtübersicht zeigt vorherrschend Sanidin und Quarz, weiters 10 Å-Halloysit, Magnetit, Hämatit und 7 Å-Halloysit.

In der Fraktion $< 20\ \mu$ findet sich die gleiche Zusammensetzung, nur Magnetit und Hämatit sind verschwunden.

In der Fraktion $< 2\ \mu$ dominieren die Neubildungen 10 Å- und 7 Å-Halloysit; der Sanidingehalt ist etwas zurückgegangen, neu erscheint Gibbsit.

Die Fraktion $< 1\ \mu$ besteht nur mehr aus Sekundärmineralen, und zwar in mengenmäßiger Abfolge aus 10 Å-, 7 Å-Halloysit und Gibbsit.

Die gleiche Zusammensetzung findet sich auch noch in der Fraktion $< 0,2\ \mu$, 7 Å-Halloysit allerdings nur mehr in Spuren.

Abb. 106, Vergr. 25x

Horizont 1'

Diese Schicht bildet eine maximal 1 m mächtige Decke aus blaugrauem, relativ dichtem Basalt, die die unterlagernden Horizonte vor der Erosion geschützt hat und dadurch aber auch die bodenbildenden Prozesse der jüngeren Verwitterungseinflüsse in andere Bahnen gelenkt hat. Darauf ist es zurückzuführen, daß die Sequenzen 3 – 2 – 1 und 4' – 3' – 2' nicht direkt miteinander vergleichbar sind. An den frischen Bruchstellen des Basalts sind auch mit freiem Auge bis 5 mm große, schwarze Pyroxeneinschlüsse

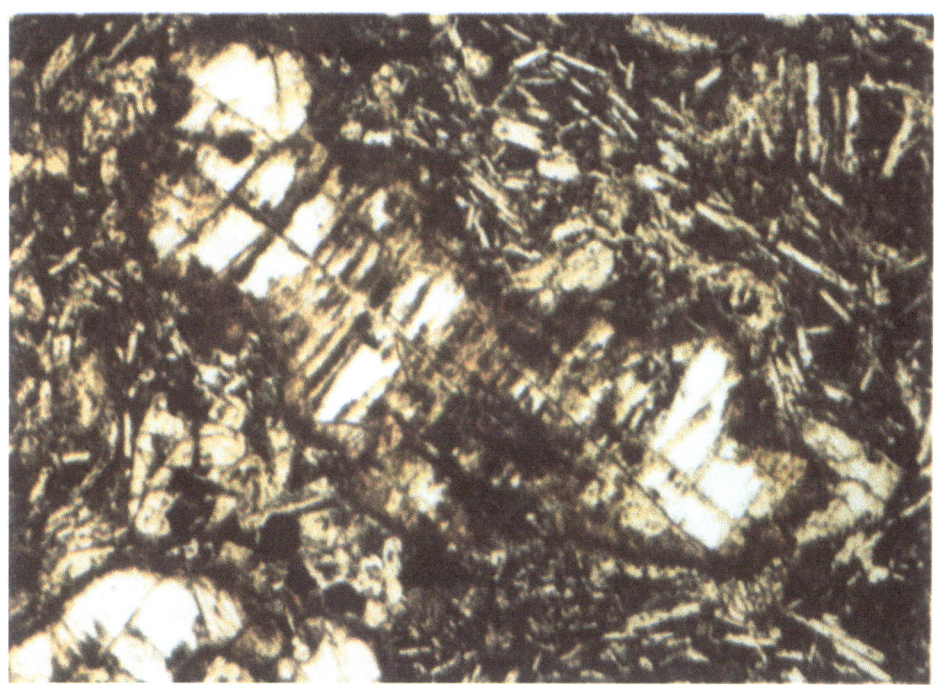

Abb. 107, Vergr. 25x

und 2–3 mm große, braune, bereits angewitterte Olivinporphyroblasten zu erkennen. Von den Feldspäten erreichen nur wenige eine solche Korngröße, daß sie makroskopisch bestimmt werden können. Die Blasenräume treten gegenüber den unterlagernden Schlackenhorizonten stark zurück, sie werden höchstens 8 mm groß und sind streifenweise entsprechend der ursprünglichen Fließrichtung gelängt.

Das Dünnschliff-Bild (Abb. 107) zeigt einen ca. 2 mm großen Olivinporphyroblasten in der feinkörnigen Grundmasse. Durch Resorption ist es zu einer stark buchtigen Ausbildung gekommen, der Randsaum wird in charakteristischer Weise von neugebildetem Iddingsit nachgezeichnet. Die Zusammensetzung dieses Umwandlungsproduktes ist noch nicht völlig geklärt; nach W. E. TRÖGER (1967) besteht es aus Goethit, seltener aus Hämatit, amorphen Komponenten bzw. schlecht kristallisierten Kristalliten oder submikroskopischen Tonmineralen. Bezüglich der Entstehungsbedingungen des Iddingsits bestehen ebenfalls noch keine einheitlichen Auffassungen. Nur Chlorit-Iddingsit soll eine Verwitterungsneubildung darstellen, die übrigen aber hydrothermale Umwandlungsprodukte, die unter oxidierenden Bedingungen bei Fe- und Wasserzufuhr bzw. Mg-Abfuhr entstanden. Während normalerweise Iddingsit nur als Randbildung auftritt, finden sich in diesem Horizont auch Olivine, die vollständig umgewandelt wurden. Daneben erscheinen als Einsprenglinge auch Pyroxenkristalle, wobei hier zwei Generationen festgestellt werden können. Größere (maximal 5 mm) Diopsidporphyroblasten, die in sehr frischer, unveränderter Form vorliegen, und mikroskopisch kleine Pseudomorphosen aus rötlich-braunen Fe-Oxiden. Auch Magnetit erscheint in unterschiedlichen Korngrößen: größere, idiomorphe Körner und kleine Mikrolithen als färbende Substanzen in der Grundmasse. Aus diesen sprossen als Sekundärbildungen nadelförmige Goethitkristalle.

In völlig ungeregelter Form liegen Feldspatleisten (nach RDA: Sanidin und basischer Plagioklas) in der Grundmasse. Die wenigen Blasenräume zeigen in diesem Horizont noch keine Neubildungen.

RDA

Die Übersichtsaufnahme zeigt überwiegend Sanidin und basischen Plagioklas, gefolgt von Diopsid; untergeordnet erscheinen Magnetit, Mg-reicher Olivin (Forsterit), Goethit und 10 Å-Halloysit.

Auch in der Fraktion < 20 μ herrscht basischer Plagioklas vor; in kleineren Mengen finden sich weiters Sanidin, Diopsid, 10 Å- und 7 Å-Halloysit.

In der Fraktion < 2 μ finden sich nur mehr geringe Gehalte von 10 Å- und 7 Å-Halloysit sowie Spuren von Plagioklas.

Die Fraktion < 1 μ zeigt auch 10 Å- und 7 Å-Halloysit lediglich in Spuren.

REM

Bei den elektronenmikroskopischen Untersuchungen dieser Probe konnten keine Neubildungen festgestellt werden, aber in den Primärmineralen – vor allem Olivin – zeigten sich auch hier bereits Ansätze zu Lösungsstrukturen, wie sie in den unterlagernden Horizonten schon beschrieben wurden.

CHEMISMUS

Diagramme IX und X

Wie schon mehrfach angeführt, bildet die dünne Basaltdecke des Horizonts 1' eine Schutzschicht zumindest für die unmittelbar darunter liegenden Horizonte. Darin ist die Ursache dafür zu sehen, daß trotz gut übereinstimmenden Mineralbestandes in den Sequenzen 3 – 2 – 1 und 4' – 3' – 2' (siehe Ergebnisse der RDA) die pedogenetischen Prozesse nicht parallel abgelaufen sind. Wie vor allem die Dünn-

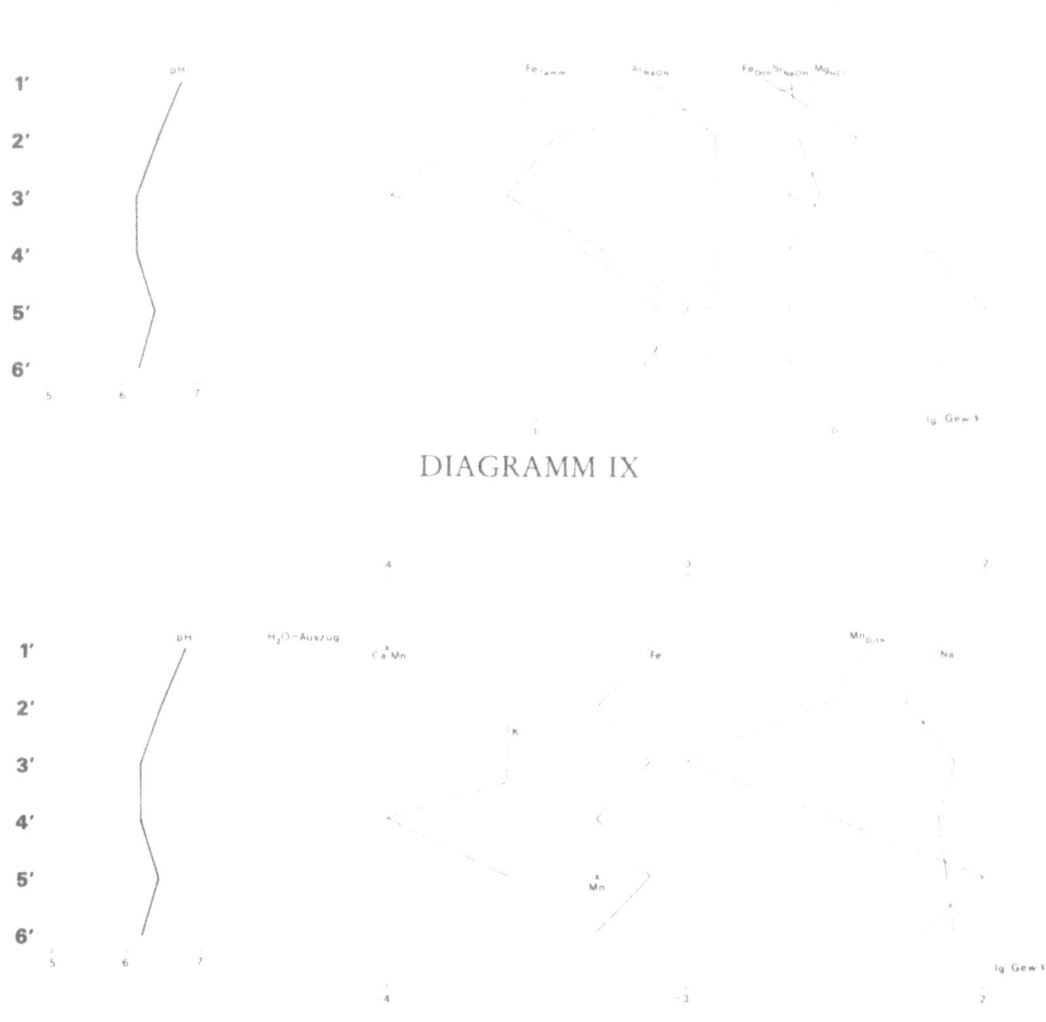

DIAGRAMM IX

DIAGRAMM X

schliff-Beobachtungen zeigten, sind auf Grund der unterschiedlichen Intensität der Verwitterungseinflüsse nicht einmal die Gefüge der entsprechenden Horizonte in gleicher Form ausgebildet.

Bezüglich der direkten Vergleichbarkeit der Analysenergebnisse von Horizont zu Horizont gilt auch hier wieder das gleiche wie in den schon vorher besprochenen Teilabfolgen.

Interpretation

Horizont 6'

Die in den vergleichbaren Horizonten auftretenden Unterschiede – bedingt durch die verschiedene Überlagerung – zeigen sich auch in den Löslichkeitskurven. Zwar sind die Tendenzen in den beiden Horizontfolgen 6' – 5' und 5 – 4 mit Ausnahme von Al_{NaOH} und Si_{NaOH} gleich, bei den absoluten Werten aber ergeben sich zum Teil beträchtliche Differenzen. Gute Übereinstimmung findet sich lediglich bei Mg_{HCl}, während bei Si und Al besonders hohe Unterschiede auftreten. Der pH-Wert liegt sowohl im Horizont 6' als auch in 5 im schwach sauren Bereich.

Vor allem die Kurven für Si und Al sind es, die den Eindruck vermitteln, daß durch die Basaltüberlagerung die Profildifferenzierung ganz wesentlich beeinflußt wurde. Während im Profil 1–10 die Löslichkeitswerte gerade für Si und Al einen stark schwankenden Verlauf zeigen, erscheinen sie im Profil 1'–6' mit auffallender Konstanz bis in den Horizont 1', in dem sie zurückgehen. Die Werte für die anderen analysierten Elemente dagegen zeigen auch in 1'–6' unterschiedliche Kurvenverläufe, die zum Teil sogar mit 1–10 zusammenfallen. Demnach scheint es, als ob durch die Basaltüberlagerung jede weitere Mobilisierung von Al und zum Großteil auch von Si verhindert worden wäre, während sie sich diesbezüglich auf Fe_{Dith}, Fe_{TAMM}, Mn und Mg_{HCl} nicht auswirkte.

Horizont 5'

In diesem Horizont erreichen die Löslichkeitskurven für Fe_{Dith} und Mn_{Dith} ihre Maximalwerte, die anderen analysierten Elemente bleiben konstant. Die hohen Werte, sowohl für Fe_{Dith} als auch für Fe_{TAMM}, dürften hauptsächlich auf Substanzen der Grundmasse zurückzuführen sein.

Es ist bemerkenswert, daß sowohl in diesem Horizont als auch in 6' trotz der in den Dünnschliffen eindeutig feststellbaren Feldspatumrisse von den Primärsubstanzen überhaupt nichts mehr erhalten geblieben ist. Möglicherweise sind sie in tiefere Horizonte verlagert worden. Ein Hinweis dafür ergibt sich aus den Analysenergebnissen für wasserlösliches K: während in 5' nur sehr geringe Werte und in 6' überhaupt kein K festgestellt werden konnte, kommt es in den tieferliegenden Horizonten des Profils 1–10 vor allem ab dem Horizont 5 (siehe Diagramm) zu einer eindeutigen Anreicherung.

Horizont 4'

Mit dem Horizont 4' beginnt die letzte Teilsequenz (4' – 3' – 2') in diesem Profil. Die Löslichkeitskurven von Fe_{Dith}, Fe_{TAMM} und Mn_{Dith} zeigen sowohl untereinander sehr ähnliche Tendenzen als auch zu den entsprechenden Kurven aus der Abfolge 3 – 2 – 1. Auch in der mineralogischen Zusammensetzung (siehe RDA) ergibt sich zwischen den Horizonten 4' und 3 gute Übereinstimmung. Neben anderen kann als charakteristisches Merkmal auch hier wieder das Vorkommen von Quarz als äolische Einstreuung angesehen werden. In den Löslichkeitskurven für Si_{NaOH} wirkt sich das jedoch auch hier genauso wenig aus wie in Horizont 3; bei beiden finden sich sogar die gleichen Absolutwerte.

Obwohl in beiden Horizonten rötliche Farben dominieren, treten bei der RDA hinsichtlich des Gehalts an Hämatit doch wesentliche Unterschiede auf. Das gleiche zeigt sich auch in den entsprechenden Absolutwerten bei den Löslichkeitskurven für Fe. Während die amorphen Fe-Oxide sehr gut übereinstimmen, fallen die Werte für dithionitlösliches Fe stark auseinander.

Da der Hämatit-Gehalt in sämtlichen Horizonten der Abfolge 4' – 3' – 2' ein wesentlich geringerer ist als in den vergleichbaren Lagen 3 – 2 – 1, darf angenommen werden, daß hier der Einfluß der Basaltüberlagerung besonders deutlich zum Ausdruck kommt; offenbar wurden dadurch die Bildungsbedingungen für Hämatit stark beeinträchtigt.

Horizont 3'

Hier treten die Unterschiede zum Vergleichshorizont 2 am auffallendsten zutage; vor allem fehlen die Minerale (Anatas, Ilmenit), die nach M. L. JACKSON und G. D. SHERMAN (1953) kennzeichnend für intensive Verwitterungsbedingungen sind. Das bedeutet, daß in der Teilabfolge 4' – 3' – 2' zu keiner Zeit die extremen Verhältnisse geherrscht haben, die in der Sequenz 3 – 2 – 1 die Verwitterungsstufe 13 (nach M. L. JACKSON und G. D. SHERMAN, (1953) entstehen ließen. Allerdings mußte ja schon nach den makroskopischen Beobachtungen geschlossen werden, daß zwischen dem hellen, gelblichweißen Horizont (3') und dem rötlichen (2) hinsichtlich der Verwitterungsintensität große Unterschiede herrschen.

Zwar finden sich in den Horizonten 3' und 2 die gleichen Primärminerale, aber in gänzlich anderen Mengenverhältnissen (siehe RDA). Besonders der Sanidin-Gehalt ist in 3' wesentlich höher als in 2, dafür treten in der Abfolge 3 – 2 – 1 höhere Werte für wasserlösliches K auf als in 4' – 3' – 2', sodaß offensichtlich dort ein Teil der Abbauprodukte aus den Kalifeldspäten abgesetzt wurde. Eine auffallende Parallelität besteht in der starken Abnahme der Löslichkeitswerte für Fe_{Dith} und Fe_{TAMM} sowohl in Horizont 3' als auch in 2, was offenbar auf besonders rasche Reaktionsgeschwindigkeit bei den Fe-Oxiden hinweist, denn diese Reaktionen müssen sich abgespielt haben, bevor es zur Überlagerung der Basaltdecke kam. Das gleiche gilt auch für Mn_{Dith}, während die Kurven für Si und Al in den beiden Horizonten völlig unterschiedlich verlaufen.

Horizont 2'

Im Gegensatz zu den vergleichbaren Horizonten 3' und 2 ist zwischen 2' und 1 eine gute mineralogische Übereinstimmung gegeben, und zwar auch in bezug auf die Mengenverhältnisse. Als wesentliche und charakteristische Neubildungen findet sich in beiden Horizonten Gibbsit. Es ist bemerkenswert, daß dieses Mineral in Horizont 2' auftritt und sich trotzdem in der Löslichkeitskurve für Al_{NaOH} kein Unterschied gegenüber den unterlagernden Schichten zeigt, daß weiterhin ein konstanter Wert beibehalten wird; allerdings in diesem Horizont zum letzten Mal. Die Löslichkeitswerte für Fe_{Dith}, Fe_{TAMM} und Mn_{Dith} steigen etwas an, was wieder sehr gut mit den Kurven der Abfolge 3 – 2 – 1 übereinstimmt. Eine schwache Zunahme an kristallinen Fe-Oxiden (Hämatit) konnte ja auch schon bei den Röntgenanalysen festgestellt werden.

Horizont 1'

In diesem relativ frischen Basalt zeigen die Analysen für die einzelnen Ionen sehr unterschiedliche Ergebnisse. Bei Fe_{Dith}, Si_{NaOH} und Al_{NaOH} treten die niedrigsten Werte aus dem gesamten Profil auf; bei Al geht der Gehalt von Horizont 2' zu 1' sogar um die Hälfte zurück.

Dagegen steigen Fe_{TAMM} und Mn_{Dith} leicht an, Mg_{HCl} aber erreicht hier den höchsten Wert aus der gesamten Abfolge. Offenbar sind doch auch schon in diesem, von der Verwitterung noch wenig beeinflußten Horizont die Olivine so weit angegriffen worden, daß Mg in größerer Menge freigesetzt werden konnte. Daraus ist ersichtlich, daß Olivin aus der hier vorliegenden Mineralparagenese auf jeden Fall das gegenüber Verwitterungseinflüssen bei weitem empfindlichste Material darstellt. Zur völligen Zerstörung des Olivins ist es aber nicht gekommen, wie sowohl die Dünnschliff-Beobachtungen als auch die Röntgenanalysen zeigten; bei der RDA wurde Forsterit (der Mg-reiche Olivin) noch eindeutig festgestellt.

Zusammenfassung zur Entstehung des Profils 2

So wie im ersten Profil konnte auch auf der Mña del Aire eine Reihe von Eruptionsphasen unterschieden werden; allerdings sind hier zwei Vulkankegel aufgebaut worden, sodaß bereits morphologisch zwei Generationen von vulkanischen Ereignissen getrennt werden konnten. Im älteren, inneren Vulkanaufbau wurden drei Eruptionsphasen festgestellt:

1. Phase: Horizont $8_1 + 7_1$
2. Phase: Horizont $6_1 + 5_1 + 4_1$
3. Phase: Horizont $3_1 + 2_1 + 1_1$

1. P h a s e : Bei beiden Horizonten aus dieser Phase handelt es sich um relativ gut erhaltene Schlackentuffe, bei denen die Einzelkomponenten noch gut zu erkennen sind und bei denen es noch nicht zu einer stärkeren Verkittung der Schlackentrümmer durch bodenbildende Substanzen gekommen ist.

Auch zeigte die mineralogische Analyse (siehe RDA), daß Primärminerale eindeutig vorherrschen; lediglich im hangenden Horizont (7_1) konnten Ansätze zur Bildung von Sekundärmineralen beobachtet werden.

Die charakteristische Mineralparagenese für diese Eruptionsphase ist basischer Plagioklas (Labrador), Diopsid, Magnetit und Olivin (Forsterit).

2. P h a s e : Die drei Horizonte dieser Phase unterscheiden sich von den unterlagernden Schichten vor allem durch das wesentlich dichtere Gefüge, in dem stets die Matrix die verschiedenen Einschlüsse mengenmäßig weit überwiegt.

Auch in dieser Sequenz treten als Primärminerale basischer Plagioklas, Magnetit und Diopsid auf. Dazu kommt aber hier noch Titanaugit, der in den Horizonten 8_1 und 7_1 nicht festgestellt wurde. Außerdem findet sich Quarz stark angereichert, was darauf hinweist, daß nach dieser Eruptionsphase längere Zeit keine vulkanische Aktivität herrschte und es zur intensiven Einwehung von Quarzkörnern kommen konnte.

Dadurch, daß diese Horizonte längere Zeit den Oberflächeneinflüssen ausgesetzt waren, kam es auch zur stärkeren verwitterungsbedingten Ausbildung von Sekundärmineralen – vor allem 10 Å-Halloysit. Auffallenderweise tritt ausschließlich im obersten Horizont (4_1) dieser Phase auch Saponit als Neubildung auf. Diese Schicht ist zwar ganz wesentlich durch Frittungserscheinungen, die auf die überlagernden Schlackenlagen zurückgehen, geprägt, die Entstehung von Saponit (entweder hydrothermal oder durch den Einfluß von Oberflächenwasser) verlangt jedoch Verhältnisse, wie sie keineswegs bei Frittungen anzunehmen sind. Demnach dürfte der Saponit als Umwandlungsprodukt schon vorhanden gewesen sein, bevor es zur Überlagerung mit einer neuen Schlackenschicht gekommen ist.

3. P h a s e : Das Ausgangsmaterial für diese Sequenz bildet wieder ein relativ frischer Schlackentuff mit den Primärmineralen basischer Plagioklas, Diopsid und Magnetit. Während hier noch keine Neubildungen auftreten, herrschen sie im unmittelbar darauffolgenden Horizont (2_1) bereits stark vor (siehe RDA); die Primärminerale dagegen sind bis auf einen geringen Magnetit-Gehalt verschwunden.

Die Umwandlungs- und Neubildungsprozesse müssen sich daher hier besonders rasch abgespielt haben, damit in zwei unmittelbar aufeinanderfolgenden, primär zusammengehörenden Horizonten in der mineralogischen Zusammensetzung so große Unterschiede entstehen konnten. Demnach ist hier eine scharf ausgeprägte Verwitterungsfront anzunehmen, wie sie auch etwa von J. G. CADY (1960) als typisch für tropische Regionen bezeichnet wurde.

Bedingt durch den unterschiedlich intensiven Abbau dieser pyroklastischen Serie an den verschiedenen Stellen ist die Differenzierung zwischen den beiden Vulkanen nicht überall eindeutig durchzuführen. Den besten Anhaltspunkt gibt jedenfalls der Horizont 10, der auf Grund seiner deutlich helleren Farbe von den liegenden Partien klar zu unterscheiden ist und der sich über längere Strecken im äußeren (jüngeren) Vulkanaufbau durchgehend verfolgen läßt. In dem darüber befindlichen Verwitterungsprofil, das vorerst ebenfalls einen zum Teil homogenen Eindruck machte, konnten durch die mineralogischen Analysen wieder mehrere Phasen unterschieden werden:

1. Phase: Horizont 10 + 9
2. Phase: Horizont 8 + 7 + 6 + 5 (≈6') + 4 (≈5')
3. Phase: Horizont 3 (≈4') + 2 (≈3') + 1 (≈2')
4. Phase: Horizont 1'

1. P h a s e : Mit dem Einsetzen dieser jüngeren Abfolge hat sich der Magmenchemismus in charakteristischer Weise geändert; während in der älteren pyroklastischen Serie stets basische Plagioklase als wesentliche Primärminerale auftraten, dominiert in den Horizonten 10 und 9 ein natronreicher Kalifeldspat (Anorthoklas).* Außerdem sind die Horizonte dieser Phase wieder über längere Zeit freigelegen, bevor es zu einer neuerlichen Überdeckung kam, was durch die starke Anreicherung von Quarz zum Ausdruck kommt. Auf die damit Hand in Hand gehenden, intensiven Verwitterungseinflüsse ist auch die verstärkte Neubildung von Halloysit zurückzuführen.

2. P h a s e : Diese Abfolge beginnt mit einem Horizont, in dem die einzelnen Schlackenkomponenten noch zu erkennen sind, aber schon im darauffolgenden zeigt sich eine intensive Verdichtung, die gegen das Hangende zu immer stärker ausgeprägt ist. Charakteristisch ist auch der Farbwechsel von Gelblichbraun in den basalen Schichten zu Bräunlichrot und Rot in den obersten Zonen. Zu diesen schon makroskopisch bemerkbaren Kennzeichen eines fortgeschrittenen Verwitterungsstadiums (gegenüber den Horizonten 10 und 9 im Liegenden) paßt auch gut die relativ eintönige mineralogische Zusammensetzung. Nach der Röntgenanalyse dominieren in sämtlichen Horizonten dieser Phase (auch in den vergleichbaren Horizonten 6' und 5' des Parallelprofils) die Sekundärbildungen 10 Å- und 7 Å-Halloysit, während von den Primärmineralen lediglich geringe Mengen von Magnetit auftreten und auch der im Horizont 4 verschwindet.

3. P h a s e : Bei den Horizonten dieser Phase treten bereits an der Basis rötliche Farben auf, und Schlackenstrukturen finden sich nur in den Horizonten, die durch die Überlagerung mit der Basaltdecke gegen die Oberflächeneinflüsse zum Großteil gut abgeschützt waren. Zwar findet sich in sämtlichen Schichten eine intensive Quarzeinstreuung, doch zeigt vor allem die Röntgenanalyse, daß in den Horizonten 3, 2 und 1 die Verwitterungseinflüsse zu einer wesentlich intensiveren Um- und Neubildung von Mineralen geführt haben als in den überdeckten Lagen 4', 3' und 2'.

In beiden Abfolgen erscheint als wichtigstes Primärmineral wieder natronreicher Kalifeldspat (Anorthoklas), wodurch sich in bezug auf die Feldspat-Zusammensetzung gute Übereinstimmung mit den Horizonten 10 und 9 ergibt.

4. P h a s e: Am Westrand des Schlackenvulkans ist es zu einer teilweisen Bedeckung durch einen geringmächtigen Basaltstrom gekommen, der aus höheren Bereichen im SW auf die pyroklastische Serie aufgeflossen ist und damit für die direkt unterlagernden Schichten zu einem wirksamen Schutz vor den nachfolgenden Verwitterungseinflüssen geworden ist.

Dieser Basalt stellt in der gesamten Abfolge die einzige effusive Phase dar und zeigt auch hinsichtlich der mineralogischen Zusammensetzung gegenüber den pyroklastischen Gesteinen eine Abweichung. Als Primärminerale finden sich zwar ebenfalls Diopsid, Mg-reicher Olivin und Magnetit, als Feldspäte aber erscheinen sowohl basischer Plagioklas als auch Anorthoklas.

Verwitterungsbildungen spielen in diesem relativ jungen Gestein noch keine große Rolle, lediglich in Spuren konnten 10 Å- und 7 Å-Halloysit festgestellt werden.

Da außerdem der gegenüber Verwitterungseinflüssen besonders empfindliche Olivin bei der RDA deutlich in Erscheinung tritt, ist es offenbar noch gar nicht zu Bedingungen gekommen, die eine stärkere Auflösung und Neubildung von Mineralen verursachen hätten können.

---

* Das gleiche Mineral wurde auch im Profil 1/A als Hauptgemengteil festgestellt.

So wie in Profil 1 stellt auch hier Halloysit eindeutig das wichtigste Sekundärmineral dar, wobei die 7 Å-Modifikation gegenüber der vollhydrierten Form zurücktritt. Vor allem aus den Untersuchungen von T. F. BATES (1952) hinsichtlich der Stabilitätsverhältnisse von Halloysit ergibt sich, daß dieses Mineral stets in einer Umgebung mit sehr hoher Feuchtigkeit gebildet wird. Wenn es aber für eine gewisse Zeit in eine Verdunstungsatmosphäre kommt, dehydriert es irreversibel, und aus der 10 Å- entsteht die 7 Å-Form. Im Gegensatz zu Profil 1 – in dem der 7 Å-Halloysit mengenmäßig wesentlich stärker vertreten ist – scheinen hier auf der Mña del Aire diese Verdunstungsprozesse nur eine untergeordnete Rolle gespielt zu haben.

Unterschiede ergeben sich auch bezüglich des Gibbsits. Während im Profil 1 dieses Verwitterungsmineral in keinem einzigen Horizont gefunden werden konnte, tritt es auf der Mña del Aire sowohl in der älteren Serie – hier allerdings nur in Spuren – als auch in der jüngeren, wo es zu einem wichtigen Gemengteil wird, auf.

Umgekehrt ist das Verhältnis beim Saponit, der im Profil 2 nur in einem Horizont der älteren Serie festgestellt wurde.

Bei den Fe-Oxiden ist das Auftreten von Hämatit in diesem Profil besonders bemerkenswert. Soweit er mit der RDA erfaßt werden konnte, findet er sich nämlich nur in den basalen Schichten 8_1 und 7_1 und dann erst wieder in den Horizonten an der Oberfläche; den höchsten Hämatit-Gehalt führt der Horizont 2, der auch aus vielen anderen Gründen (siehe S. 117, 118) die intensivste Verwitterungsbildung darstellt. Da in den Basisschichten 8_1 und 7_1 noch kaum neugebildete Minerale auftreten und sie auch makroskopisch einen durchaus frischen Eindruck machen, ist anzunehmen, daß bezüglich des Hämatits zwischen 8_1 und 7_1 einerseits und den Oberflächenhorizonten andererseits unterschiedliche Entstehungsbedingungen vorliegen. Schon an anderer Stelle (siehe S. 75) wurde darauf hingewiesen, daß die Hämatitgenese sehr vielfältig sein kann. Hier finden sich Beispiele dafür in einem Profil, denn sicher ist er in den Schlackenhorizonten (8_1, 7_1) postmagmatisch als Oxidationsprodukt entstanden, wie er an den Oberflächen von Laven oder Pyroklastiten bei hohen Temperaturen immer wieder gebildet wird. In den dichten Oberflächenhorizonten, wo von Schlackenstrukturen kaum mehr etwas zu sehen ist, darf er dagegen sicher als Verwitterungsbildung angesehen werden.

So wie in Profil 1 konnte auch hier aus den schon makroskopisch auffallenden, hellen Horizonten eine große Zahl von Feldspatkristallen gewonnen werden, an denen nach der K-Ar-Methode absolute Altersbestimmungen durchgeführt wurden.

Dabei ergab sich für den Horizont 10 ein Alter von 675.000, für 9 von 1,1 Millionen und für 2' von 525.000 Jahren. Während die Angaben für 10 und 2' gut zusammenpassen würden, kommt es bei der Koordinierung mit dem Wert für 9 zu einer starken Diskrepanz. Eine Erklärung wäre auch hier wieder (wie im Profil 1) insofern möglich, als diese Kalifeldspäte aus mitgerissenen Nebengesteinstrümmern stammen könnten. Damit wäre es aber leider auch für die Mña del Aire unmöglich, Angaben in bezug auf das Alter des Verwitterungsprofils zu machen. In dieser Hinsicht sind die Untersuchungen noch nicht abgeschlossen, und an einer Reihe von Parallelproben aus entsprechenden Horizonten, aber von anderen Stellen des Kraters soll festgestellt werden, ob nicht doch echte Alterswerte für die einzelnen Eruptionsphasen zu finden sind.

Zusammenfassung

Wenn man nun Vergleiche zwischen den beiden untersuchten Profilen zieht, so findet man eine Menge von Übereinstimmungen, aber auch zahlreiche wesentliche Unterschiede.

Sowohl in Erjos als auch auf der Mña del Aire war es erst auf Grund detaillierter mineralogischer Analysen möglich, die wechselhaften Entstehungsbedingungen, als deren Produkt das heutige Profil vorliegt, zu erfassen.

In beiden Verwitterungsprofilen ist es, trotz aller altersmäßigen klimatischen, topographischen etc. Unterschiede, zur Ausbildung von rotlehmartigen Schichten gekommen, die auf jeden Fall Bildungen extremer Verwitterungsbedingungen darstellen. Auf den Kanarischen Inseln sind gerade die Rotlehme als interessante Studienobjekte immer wieder bearbeitet und zur Klärung stratigraphischer und paläogeographischer Fragen herangezogen worden (H. KLUG, 1968). Nach W. KUBIENA (1956) sind sämtliche Rotlehmbildungen spätestens im Pliozän entstanden, zum Großteil aber prämiozän bis miozän. Nach den nun vorliegenden Untersuchungen und Altersbestimmungen kann diese Auffassung nicht mehr aufrecht erhalten werden. Selbst wenn man annimmt, daß die zur Datierung verwendeten Kalifeldspäte aus mitgerissenen Nebengesteinstrümmern stammen, ergeben sich doch auf jeden Fall wesentlich jüngere Altersdaten. Älter als diese Nebengesteinseinschlüsse kann die Bodenbildung auf keinen Fall sein, und wenn man als Beispiel etwa den Horizont 10 aus dem Profil 2/B heranzieht, so wurden für ihn als Abkühlungsalter der Kalifeldspäte 675.000 Jahre gefunden. Dieses Datum bedeutet gleichzeitig das frühest mögliche Einsetzen der Verwitterung; sie kann wesentlich später begonnen haben, früher jedoch nicht. Somit würde diese Bodenbildung zumindest aus dem Ältestpleistozän stammen.

Das gleiche gilt für das Profil 1/B, in dem die Kalifeldspäte ein Alter von 1,25 Mio. Jahren ergeben; auch hier allerdings kann diese Bestimmung nur als Maximalalter aufgefaßt werden.

Jedenfalls müssen aber noch in wesentlich späteren Zeiten, als bisher angenommen wurde, klimatische Bedingungen geherrscht haben, die zu intensiver Verwitterung und Rotlehmbildung geführt haben.

Bezüglich der Mineralneubildungen, die im Zuge dieser Verwitterungseinflüsse entstanden sind, herrscht eine bemerkenswerte Konstanz. In beiden untersuchten Profilen dominiert nur ein Tonmineral, der Halloysit. Schon von J. G. CADY (1960) wurde darauf hingewiesen, daß diese Eigenschaft vor allem bei scharf begrenzter Verwitterung ohne durchgehende Sequenz von unten nach oben, wie sie in den tropischen Regionen üblich ist, auftritt.

Unterschiede zwischen den Profilen finden sich vor allem hinsichtlich des Auftretens von Gibbsit, Saponit und Hämatit. Während auf der Mña del Aire Gibbsit in den oberflächennahen Horizonten zu den wichtigsten Neubildungen zählt, findet er sich in den Profilen von Erjos überhaupt nicht. Damit ergeben sich wesentliche Hinweise auf unterschiedlich ablaufende Verwitterungsprozesse.

Nach den Untersuchungen von J. H. FETH et al. (1964) kommt es stets zur Bildung von Gibbsit, unabhängig ob Kalifeldspat oder Plagioklas als Ausgangsmaterial vorliegt, wenn die Menge an gelöster Kieselsäure nur niedrig genug ist. Als Zwischenstufen können dabei Minerale der Kaolinitgruppe (in beiden Fällen), der Glimmergruppe (bei Kalifeldspat) und der Montmorillonitgruppe (bei Plagioklas) auftreten, je nachdem, in welchem Verhältnis die K- bzw. Na-Ionen in Lösung sind. Es ist allerdings zu berücksichtigen, daß diese Feststellungen in reinen Systemen von wasserhältigen Alkali-Aluminium-Silikaten getroffen wurden und daß in der Natur sicher auch noch andere

Komponenten die Mineralzusammensetzung beeinflussen. Dennoch lassen sich bezüglich der unterschiedlichen Verwitterungsformen in unseren Profilen wichtige Hinweise ableiten. In beiden ist es durch die feuchten Klimabedingungen in den Feldspäten zur Lösung der Alkaliionen und auch zur Auswaschung der Kieselsäure gekommen. Aus den dabei entstandenen Lösungen bildete sich unter weiterer Wasserzufuhr Halloysit, und im Profil von Erjos war damit bereits das Endstadium erreicht. Auf der Mña del Aire dagegen wurde die Lösungskonzentration noch weiter erniedrigt – vor allem der Si-Gehalt verringerte sich, sodaß hier reine Al-Oxide (Gibbsit) entstehen konnten. Daß hier die weitest fortgeschrittenen Verwitterungsbildungen vorliegen, wird auch durch die übrige Mineralparagenese (Anatas, Ilmenit) bestätigt.

Die Bildung von Gibbsit wurde außerdem durch das Fehlen einer Überlagerung als Quelle für weiteres, lösliches Si zusätzlich begünstigt.

Entsprechend der Tatsache, daß der Horizont 2 als eine der jüngsten Schichten die weitest fortgeschrittenen Verwitterungsformen zeigt, kommt dem Alter der einzelnen Ablagerungen hier keine so wesentliche Bedeutung zu; im Liegenden von 2 treten Lagen auf, die in viel frischerem Erhaltungszustand vorliegen. Die zeitliche Dauer der Exposition und die Intensität der jeweils herrschenden Oberflächeneinflüsse sind für Um- und Neubildungen die bestimmenden Faktoren.

Literatur

ABDEL-MONEM, A., N. D. WATKINS a. P. W. GAST, 1967: Volcanic History of the Canary Islands. – Am. Geophys. Union Trans. 48, 226–227.

—, 1972: Potassium-argon ages, volcanic stratigraphy and geomagnetic polarity history of the Canary Islands: Tenerife, La Palma and Hierro. – Am. Journ. Sci. Vol. 272, 805–825.

AOMINE, S. a. K. WADA, 1962: Differential weathering of volcanic ash and pumice, resulting in formation of hydrated halloysite. – Amer. Mineral. 47, 1024–1048.

BATES, T. F., 1962: Halloysite and gibbsite formation in Hawaii. – Proc. Nat. Conf. Clays and Clay Minerals 9, 307–314.

BRAVO, T., 1952: Aportación al estudio geomorfológico y geológico de la costa de la fosa tectónica del Valle de la Orotava. – Bol. R. Soc. Esp. Hist. Nat., V. 50, 1–32.

—, 1962: El circo de las Cañadas y sus dependencias. – Bol. R. Soc. Esp. Hist. Nat. (G), 60, 93–108.

CADY, J. G., 1960: Mineral Ocurrence in relation to Soil Profile Differentiation. – 7th Intern. Congr. of Soil Science, Madison, USA, Vol. IV, 418–424.

CALDAS, E. F. u. B. SCHWAIGHOFER, 1974: Mineralumwandlung im Zuge der Genese der Kanarischen Andosole (Tenerife). – Sitz. Ber. Österr. Akad. d. Wiss., Math. nat. Kl.

CARRACEDO, J. C. y F. G. TALAVERA, 1971: Estudio paleomagnético de la serie antigua de Tenerife. – Estudios geológicos, Vol. XXVII, 341–353. Instituto „Lucas Mallada", C.S.I.C.

CRAIG, D. C., 1963: Geochemical and mineralogical aspects of the weathering of some basaltic rocks from New South Wales. – Unpubl. M. Sc. Thesis, Univ. New South Wales.

ESWARAN, H., 1972: Morphology of allophane, imogolite and halloysite. – Clay Minerals, Vol. 9, Nr. 3, 281–285.

EVERS, A., K. KLEMMER, I. MÜLLER-LIEBENAU, P. OHM, P. REMANE, P. ROTHE, R. zur STRASSEN u. D. STURHAN, 1970: Erforschung der mittelatlantischen Inseln. – Umschau i. Wiss. u. Techn. 70, 6, 170–176.

FALLOU, F. A., 1862: Pedologie oder allgemeine und angewandte Bodenkunde, Dresden.

FETH, J. H., C. E. ROBERTSON a. W. L. POLZER, 1964: Sources of mineral constituents in water from granitic rocks, Sierra Nevada, California and Nevada. – U. S. Geol. Surv. Water Supply Paper 1535-I.

FLEISCHER, M., 1963: New mineral names. – Amer. Mineral. 48, 434.
FUSTER, J. M., V. ARAÑA, J. L. BRANDLE, M. NAVARRO, U. ALONSO y A. APARACIO, 1968: Geologia y volcanologia de las Islas Canarias: Tenerife. – Instituto „Lucas Mallada", Madrid.
GEBHARDT, H., P. HUGENROTH u. B. MEYER, 1970: Pedochemische Verwitterung, Mineral-Umwandlung und Mineral-Neubildung in den Pyroklastika und in den Tuff-Mischsedimenten der Laacher Eruptionsphase. – Mitt. Dtsch. Bodenkundl. Gesellsch. 10, 354–360.
HAUSEN, H., 1956: Contributions to the geology of Tenerife. – Soc. Sci. Fennica, Com. Phys.-Math., 18-1.
HOUGH, G. J., P. J. GILLE a. Z. C. FOSTER, 1941: zitiert in JACKSON, M. L., and G. D. SHERMAN, 1953, S. 290: Chemical weathering of minerals in soils.
JACKSON, M. L. a. G. D. SHERMAN, 1953: Chemical weathering of minerals in soils. – Advanc. Agron. 5, 219–318.
KENNEDY, G. C., 1959: Phase Relations in the System Al_2O_3 – H_2O at High Temperatures and Pressures. – Amer. Jour. Sci. 257, 563–573.
KLUG, H., 1968: Morphologische Studien auf den Kanarischen Inseln. – Schriften des Geographischen Instituts der Universität Kiel, Bd. XXIV, H. 3.
KÖSTER, E., 1964: Granulometrische und morphometrische Meßmethoden. – F.-Enke-Verlag, Stuttgart.
KREJCI-GRAF, K., 1964: Die mittelatlantischen Vulkaninseln. – Mitt. Geol. Ges. Wien 57, 401–421.
KUBIENA, W. L., 1956: Materialien zur Geschichte der Bodenbildung auf den Westkanaren (unter Einschluß von Gran Canaria). – VI. Congr. Soc. du Sol, Paris 5, 38, 241–246.
LOUGHNAN, F. C., 1969: Chemical weathering of the Silicate Minerals. – American Elsevier Publishing Company, Inc., New York.
MATZNETTER, J., 1958: Die Kanarischen Inseln. – Petermanns Geogr. Mitt. Ergh. 266.
MEDWENITSCH, W., 1970: Zur Geologie und regionalen Stellung der Kanarischen Inseln. – Mitt. Geol. Ges. Wien 63, 160–184.
„METEOR"-Forschungsergebnisse, 1969: Reihe A, Nr. 5: Allgemeines, Physik und Chemie des Meeres. – Herausgegeben von der Deutschen Forschungsgemeinschaft. Gebr. Bornträger, Berlin, Stuttgart.
MÜLLER, H., 1974: Mineralogische Untersuchungen an Böden auf Lockersedimenten des Wiener Raumes in Abhängigkeit vom Klima. – Unveröff. Diss. Hochsch. f. Bodenkultur, Wien.
NORTON, F. H., 1941: zitiert in TRÖGER, W. E., 1967, S. 107: Optische Bestimmung der gesteinsbildenden Minerale.
PARHAM, W. E., 1969: Formation of halloysite from felspar: low temperature, artificial weathering versus natural weathering. – Clays and Clay Minerals 17, 13–22.
ROTHE, P., 1964: Fossile Straußeneier auf Lanzarote. – Natur u. Museum, Frankfurt a. M. 94, 5, 175–187.
—, 1966: Zum Alter des Vulkanismus auf den östlichen Kanaren. – Soc. Sci. Fennica, Com. Phys.-Math., 31, 13, 1–8.
—, 1968: Mesozoische Flyschablagerungen auf der Kanareninsel Fuerteventura. – Geol. Rdsch. Stuttgart 58, 1, 314–332.
—, u. H. U. SCHMINCKE, 1968: Contrasting Origins of the Eastern and Western Islands of the Canarian Archipelago. – Nature, London 218, 1152–1154.
SCHEFFER, F., u. P. SCHACHTSCHABEL, 1973: Lehrbuch der Bodenkunde. – F.-Enke-Verlag, Stuttgart.
SCHELLMANN, W. v., 1964: Zur lateritischen Verwitterung von Serpentinit. – Geol. Jb. Hannover 81, 645–678.
SCHMINCKE, H. U., 1967: Faulting versus Erosion and the Reconstruction of the Mid-Miocene Shield Volcano of Gran Canaria. – Geol. Mitt. Aachen 8, 1, 23–50.
SCHÜLLER, K. H., 1957: zitiert in TRÖGER, W. E., 1967: Optische Bestimmung der gesteinsbildenden Minerale.
SCHWAIGHOFER, B., 1974: Zur Verwitterung vulkanischer Gesteine – ein Beitrag zur Halloysit-Genese. – Mitt. Geol. Ges. Wien 66.
SCHWERTMANN, U., 1959: Die fraktionierte Extraktion der freien Eisenoxide in Böden, ihre mineralogischen Formen und ihre Entstehungsweisen. – Z. Pflanzenernähr., Düng., Bodenk. 84, 194–204.
SHERMAN, G. D., 1952: The titanium content of Hawaiian soils and its significance. – Proc. Am. Soil Soc. 16, 15–18.
TRÖGER, W. E., 1967: Optische Bestimmung der gesteinsbildenden Minerale. – E. Schweizerbart'sche Verlagsbuchhandlung, Stuttgart.
WALKER, G. P. L., 1951: The amygdale minerals in the Tertiary lavas of Ireland. I. The distribution of chabazite habits and zeolites in the Garron plateau area, County Antrim. – Min. Mag. 29, 773.
WEAVER, C. E. a. L. D. POLLARD, 1973: The chemistry of Clay minerals. – Elsevier Scientific Publishing Comp., Amsterdam, London, New York.
YOSHINAGA, N., H. YATSUMOTO a. K. IBE, 1968: An elektron microscopic study of soil allophane with an ordered structure. – Amer. Mineral. 53, 319–323.

Geologische Karten 1:50.000, herausgegeben vom INSTITUTO GEOLOGICO Y MINERO DE ESPAÑA:
Region Guia de Isora
Region Santa Cruz de Tenerife y San Andres.

If you have any concerns about our products,
you can contact us on
ProductSafety@springernature.com

In case Publisher is established outside the EU,
the EU authorized representative is:
**Springer Nature Customer Service Center GmbH
Europaplatz 3, 69115 Heidelberg, Germany**

Printed by Libri Plureos GmbH
in Hamburg, Germany